REINHOLD PARLOW

NEUZEITLICHE FABRIKATION VON SCHOKOLADEN UND SCHOKOLADENWAREN

REINHOLD PARLOW

Neuzeitliche Fabrikation von Schokoladen und Schokoladenwaren

Mit 82 Textabbildungen

TECHNISCHER VERLAG HERBERT CRAM
BERLIN 1965

Satz und Druck: Thormann & Goetsch, Berlin 44

Vorwort

Das Buch schildert die neuzeitlichen technologischen Vorgänge der Kakao- und Schokoladenfabrikation, das Wie und Warum und den Umfang der Automation in diesem Wirtschaftszweig; es enthält theoretische Erörterungen nur insoweit, als sie zur Erklärung praktischer Vorgänge notwendig erscheinen, um dem Leser eine erste Hilfe zu geben, mit welcher er sich in dem großen Bereich der fortschrittlichen Automatik zurechtfinden kann.

Die maschinellen Einrichtungen sind auf die Veränderungen der Rohstoffe bei der Herstellung der Schokoladenwaren ausgerichtet; in diesem Umfange ist auch die Rohstoffkunde behandelt worden, um bei dem Leser ein Verständnis für die Arbeitstechniken zu wecken. Eine Rohstoffkunde in größerer Breite und in Ausrichtung auf die Belange der Schokoladenverarbeiter findet sich in dem Fachbuch „Schokolade und Konfekt" von demselben Verlag und demselben Verfasser.

Aus der Aufgabenstellung heraus wendet sich das Buch in erster Linie an die Angehörigen der Kakao- und Schokoladenindustrie. Die Arbeitstechniken haben sich innerhalb der Lebensmitteltechnologie standardisiert und werden in gewisser Abwandlung in verschiedenen Wirtschaftszweigen praktiziert, so daß auch Angehörige verwandter Berufe aus diesen Kenntnissen Nutzen für ihre Arbeitsbereiche ziehen können. Dies gilt für Betriebe, die schokoladenhaltige oder schokoladenartige Waren halten oder verarbeiten, vor allem für die vielen Konditoreibetriebe mit ihren Erzeugnissen auf Schokoladenbasis. Sie finden in den Abschnitten über Schokoladenwaren eine Begründung und Ergänzung ihrer empirisch gewonnenen Arbeitsmethoden. Das Buch soll in einer Zeit der Rationalisierung, Mechanisierung und Automation anregen und eine Hilfe zum Ausarbeiten eigener Verfahren sein.

Das Buch will Kenntnisse vermitteln; in Form und im Text ist dieses Buch hierauf ausgerichtet und wendet sich an alle, die auf diesem Gebiete Kenntnisse weitergeben, an Lehrer und Fachschulen, an Veranstalter von Ausbildungs- und Fortbildungskursen. Hierin einbezogen sind die Stellen des Fachhandels, der zu Erfolgen nur durch gute Fachkunde kommt. Das Wissen um die Ware erleichtert den Vertrieb.

Die rechtliche Behandlung des Stoffgebietes ist für eine spätere Zeit ausgeklammert worden, wenn das Rechtsgut der EWG Gestalt, das Rechtsgebiet übersichtlich für größere Bereiche unter Einschluß der Efta geordnet ist. Das Buch ist ein technisches Buch; es gilt, die technischen Fortschritte zu nutzen. Die Wissenschaft von heute ist die Praxis von morgen.

Berlin, im Februar 1965 R. Parlow

Inhaltsverzeichnis

Seite

Die Automatisierung der Herstellungsverfahren

Für einen einzigen Reichstaler erbot man sich im Reichsanzeiger 1803, das Geheimnis um die Herstellung blanker Schokoladentafeln an den Voreinsender des Honorars zu enthüllen. Die Technik am Beginn des 19. Jahrhunderts befand sich noch im Anfangsstadium und entwickelte sich fortan über verschiedene Stufen der Automation, die bei der innerbetrieblichen Transportrationalisierung beginnt und mit der klimatisierten Lagerhaltung endet, zu einem hohen Stand der Vervollkommnung. Höchstleistungen können nur bei rationeller Arbeitsweise in zweckentsprechenden Fabrikationsanlagen erbracht werden, und andererseits, um verfeinerte Erzeugnisse herzustellen, müssen die Ausgangsrohstoffe von guter Qualität sein.

Die Kakaobohnenkultur: Arten - Rottung - Geschmacksstoffe

Die Güte der Schokoladen hängt in erster Linie von dem Kakao, der Kakaobohnensorte und der Aufbereitung ab. Die Kakaobohnenkultur hat ihre eigene Geschichte und Zeiten mit bestimmten Entwicklungsstadien geprägt.

Biologische Kenntnisse der Kakaobohnen sind von Nutzen, wenn gleichbleibende Standardqualitäten hergestellt werden sollen.

Der Kakaobaum, von dem schwedischen Forscher Linné unter „Theobroma" katalogisiert, trägt dickschalige Früchte im Gewicht von 300—600 Gramm, die in ihrem Inneren die Bohnen (25—60) in spindelförmigen Reihen, eingebettet in den zähbreiigen Mark der Pulpa, enthalten. Sie unterscheiden sich nach Herkunft und Varietät und in ihrer Gestalt (Fig. 1 und 2). Zwischen der Güte der Kakaobohnen und der äußeren Form besteht ein gewisser Zusammenhang. Man unterscheidet zwischen Bohnen der Criolloart, wozu die Caracao-, Puerto-Cabello- und Maracaibo-Bohnen gerechnet werden, und Bohnen der Forastero-Gruppe (Accra, Bahia, Lagos, Sanchez), die in Amazonian Forastero (Amelonado) und in Trinitario (Forastero) unterteilt werden.

Die Früchte der Edelkakaos, der Criolloarten, sind schlank, die Früchte der Konsumkakaos, der Forasteroarten, oval bis rund. Man schreibt dem Criollotyp folgende Eigenschaften zu: dünne mit Warzen bedeckte Schale ohne Flaschenhals, mehr runde als flache Samen, milden Geschmack, leichtes und

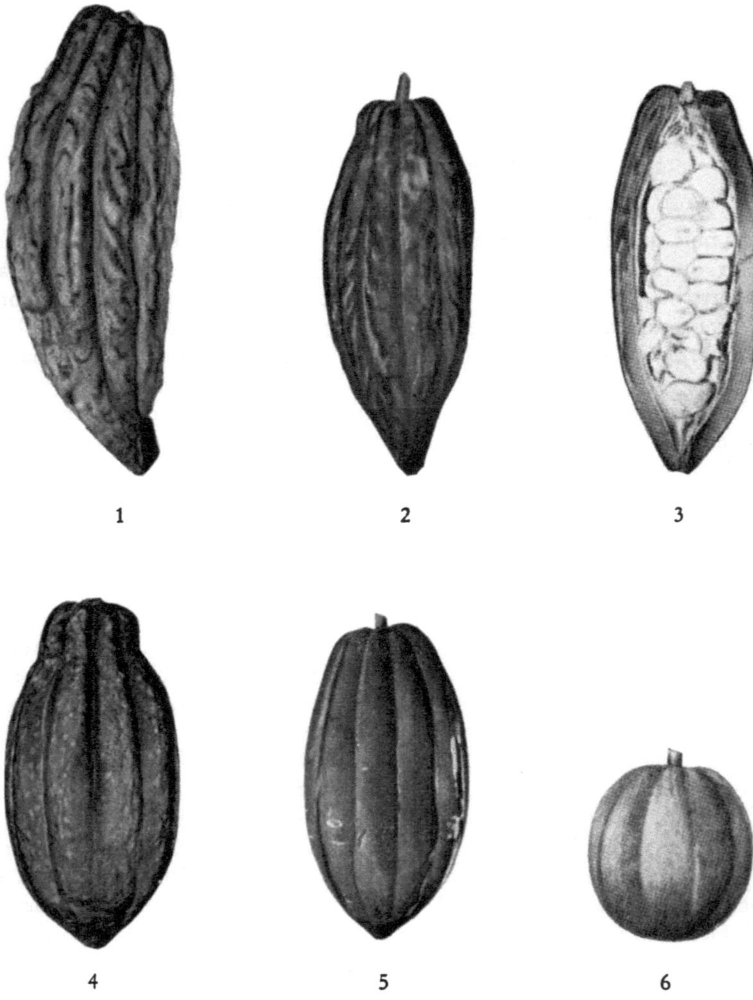

Fig. 1.

1. Criollo (Hochzuchtform — Mittelamerika)
2. Cunde amor (Criollo — Mittelamerika, kräftiger Edelkakao
3. Längsschnitt durch eine Edelkakaofrucht
4. Sambito (Amelonado), dickschaliger Konsumkakao
5. Cacao roxo rogoso (Amelonado), Konsumkakao Westafrika, Südamerika
6. Cacao laranja (Calabacillo), Konsumkakao Westafrika, Südamerika

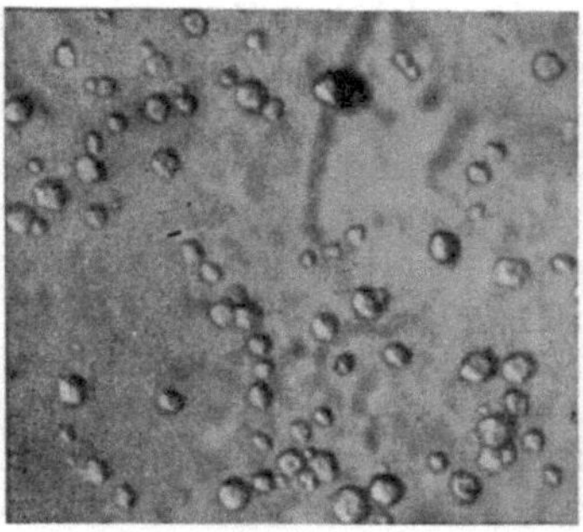

Maisstärke

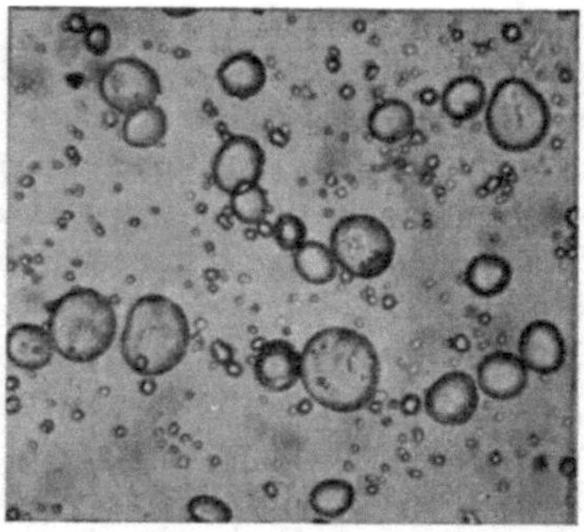

Weizenstärke

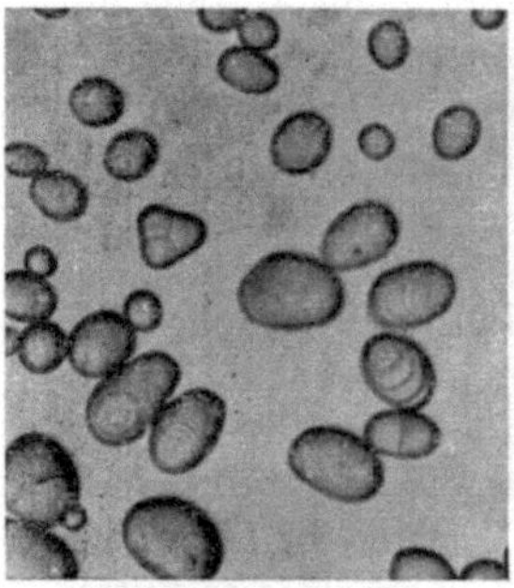

Kartoffelstärke

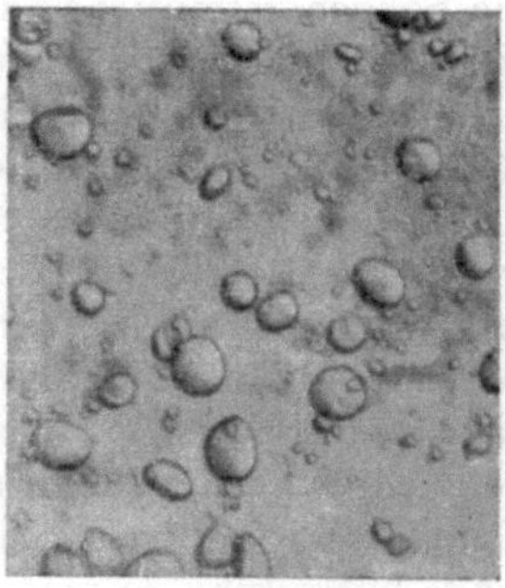

Roggenstärke

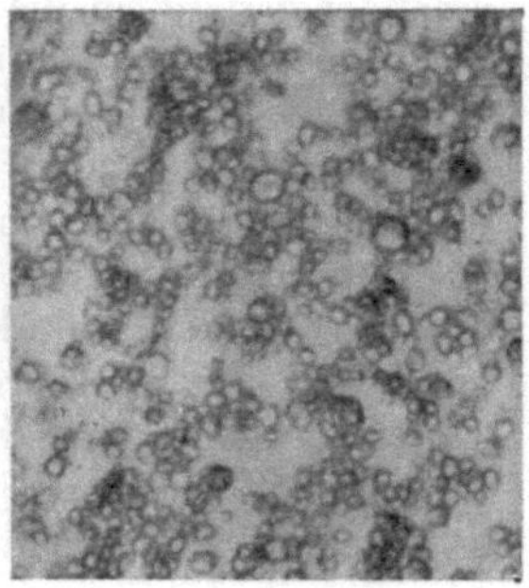

Haferstärke

Fig. 2. Kakaobohnen: oben Edelsorten, unten Konsumsorte (Accra)

angenehmes Aroma. Das Innere der Samen ist in frischem Zustande weißlich, in gerottetem Zustand hellbraun, aber nicht violett. Die Forasteroarten besitzen eine dicke und glatte Schale in Form einer Melone. Die Samen sind klein und plattgedrückt, von herbem Geschmack und kräftigem Aroma. Das Innere der Samen ist in frischem Zustande violettbraun bis dunkelbraun. Forasteroarten bringen höhere Erträge und sind widerstandsfähiger als Criollos.

Die Qualität der Bohnen hängt in starkem Maße von den Erntebedingungen, der Rottung, der fermentativen Aufbereitung und der Trocknung ab. Der Kakaogeschmack wird erst durch den Fermentationsprozeß entwickelt. Es laufen Gärungs- und Fermentationsprozesse nebenher. Der im Fruchtfleisch vorhandene Zucker ist für die Gärung wichtig. In den Aufbereitungsanlagen sind Fermentationskästen nebeneinander oder terrassenförmig übereinander gestellt, in die die Bohnen geschüttet und vom 2. bis 4. Tage umgeschüttet werden. Sie erhalten Zusätze von Hefereinkulturen; durch das Wachstum der Hefen wird das Fruchtmus verflüssigt und läuft als sog. Schweiß ab. Der Zucker des schleimigen Fruchtfleisches setzt sich in Alkohol bei gleichzeitiger Bildung von Kohlensäure um, wobei die Temperatur auf 45° C ansteigt. Hierbei wird das Gewebe mit dem Keimling getötet, die Schale vom Kern gelockert. Wenn der Zucker der Pülpe zu Alkohol vergoren ist, setzt die säurebildende Oxydationsgärung ein. Es entsteht Essigsäure, die bei gewöhnlicher Luftzufuhr zu Wasser und Kohlensäure oxydiert. Die alkoholische Gärung vollzieht sich ohne Luftzufuhr, die essigsaure Gärung wird durch Belüftung in Gang gesetzt und gehalten. Verläuft die Gärung zu schnell und ohne ausreichende Luftzufuhr, so tritt die unerwünschte Buttersäuregärung ein. Solche Bohnen besitzen einen Schinkengeruch. Bohnen mit Rauchgeruch sind solche, die einer starken künstlichen Trocknung nach beendeter Fermentation unterworfen werden.

Die Gärung darf erst abgebrochen werden, wenn der Zucker der Pülpe vergoren ist. Der Verlauf der Gärung, der sich in einer Temperaturerhöhung ausdrückt, wird durch Umschaufeln geleitet. Das erste Umschaufeln erfolgt nach 24—30 Stunden, es wird alle 12—24 Stunden bis zum Abschluß der Gärung wiederholt. Die Gärreife ist äußerlich an der tiefbraunen Farbe und der bauchigen Form der Bohnen erkennbar. Mit dem Abschluß der Gärung ist nicht die innere Fermentation beendet. Die Trocknung darf daher in nicht zu starker Hitze und nicht zu schnell erfolgen. Die Folge wäre eine Unterbrechung der Fermentation sowie auch ein Festtrocknen der Pülpe an den Bohnen. Die frischen Bohnen quellen beim Trocknen auf und erhalten dadurch einen lockeren Bruch. Ein zu starkes Trocknen verursacht zu viel Bruch.

Wichtig ist die Dauer der Fermentation und wünschenswert ein einheitlicher Fermentationsgrad aller Kakaobohnen. In der Regel dauert die Fermentation sechs Tage. Bohnen, welche diese Zeit in den Fermentationskästen waren, ergeben einen besseren Geschmack als Bohnen mit minderer oder höherer Zeit.

Die Hauptkomponenten des Kakaoaromas sind das Catechin und das Epicatechin, außerdem, wenn auch nur in minderem Wirkungsgrade, die Leuko-Cyanidine. Mit diesen Gerbstoffen, den Poly-hydroxo-phenolen reagieren die Proteine, und zwar nicht nur die Kakaoproteine während der Rottung, sondern auch andere Proteine, wenn sie im Fertigungsgang der Schokoladen zugegeben werden, beispielsweise die Milchproteine in den Milchpulvern. Es entstehen Adsorbate mit dem Ergebnis, daß der adstringierende Geschmack gemindert wird. Voraussetzung hierfür ist, daß die Proteine, um reaktionsfähig zu sein, in löslicher Form vorliegen.

Die herbe Komponente ruft den adstringierenden Geschmack hervor, sie wirkt auf die Eiweiße des Epithelgewebes der Zunge gerbend. Die Herbheit ist eine taktile Empfindung. Vom Verlaufe der Fermentation und dem pH-Wert der Pülpe hängt es ab, ob und in welchem Umfange solche adstringierenden Stoffe reduziert werden.

Konsumkakaos haben einen höheren Gerbstoffgehalt als Edelkakaos. Das Kakaoaroma wird durch die Menge und die Ausgewogenheit der löslichen Gerbstoffsubstanzen und eine Reihe von Bukettstoffen gebildet, die in winzigsten Anteilen vorhanden sind, durch ein ätherisches Öl, durch das Theobromin, durch das mildschmeckende Fett, durch die löslichen Purine — Bitterstoffe —, die in ihrer Konstitution bei den verschiedenen Bohnensorten unterschiedlich sind, kurzum durch ein ganzes Geschmackskompositorium, das in der fertigen Schokoladenmasse zur Entfaltung kommt.

Für die Ausbildung eines Wohlgeschmacks kommt es darauf an, in welcher Menge die Gerbstoffe neben den anderen Kakaoinhaltsstoffen vorliegen.

Die Bestandteile der Kakaobohne sind mit den Durchschnittswerten:

Kakaobutter 53,5 %, Eiweißstoffe 10,5 %, Stärke 6 %, Rohfaser 2,6 %, Gerbstoffe 5,8 %, Theobromin 1,45 %, Mineralstoffe 3 %, ferner Wasser sowie in geringen Mengen Pentosane, Zucker, Coffein und organische Säuren.

Von den drei Zelltypen — den Epidermiszellen, den Pigmentzellen, den Vorratszellen — bestimmen die Pigmentzellen den Kakaogeschmack maßgeblich. Die Pigmentzellen enthalten die Anthocyane (Pigmente), die Tannine, die Catechine und Leukocyanidine, die zur chemischen Klasse der Polyphenole gehören, das Theobromin und die Purine, während die Vorratszellen die Kakaobutter, Proteine und Stärke als Inhaltsstoffe haben. Während der Fermentation brechen die Pigmentzellen auf, die Pigmente erfahren eine enzymatische Veränderung, sie werden durch die Glycosidase hydrolysiert, Tannine werden durch die Polyphenoloxydase oxydiert. Auch die Anthocyane erfahren eine Umwandlung. Anthocyane sind Farbträger, sie bilden den violetten Farbstoff der unterfermentierten Bohnen. Während der „anaeroben“ Phase der Fermentation werden sie zu einem gewissen Teil abgebaut. Sie diffundieren in das Zellgewebe, es entstehen braune Kondensationsprodukte bei günstiger Fermentation, oder aber violette bzw. schiefergraue, wenn die Fermentation ungenügend oder unter ungünstigen Bedingungen verläuft.

Mit dem Abbau der Anthocyane geht Aromabildung einher, so daß die Anthocyane einen indirekten Indikator für die Qualität der Bohnen abgeben.

Während der Fermentation bilden sich aus den löslichen Polyphenolen unlösliche Stoffe, die unlöslichen Phlobaphene. Das Kakaobraun ist ein phlobaphenartiger Gerbstoffanteil. Es kommt für die Ausbildung eines Wohlgeschmacks auf eine Minderung der löslichen Gerbstoffanteile an. Gewisse Gerbstoffe reagieren mit den Kakaoproteinen unter Bildung unlöslicher Produkte (Gerbungsprodukte). Diese Wechselwirkung hat einen recht günstigen Einfluß auf das Kakaoaroma. Der beim Rösten von unveränderten Proteinen auftretende widerwärtige Geschmack tritt nicht in Erscheinung.

Unreif fermentierte und unzureichend vergorene Bohnen werden als „schliffige" Bohnen bezeichnet und sind von minderer Qualität.

Der Handel wünscht ein einheitliches Bewertungssystem für die Kakaobohnen sowie verbindliche Daten, auf Grund deren die Verarbeitbarkeit der Bohnen beurteilt werden kann. Diese Daten beruhen mehr auf dem Fehlen von Mängeln (Fremdgeruch, Fremdmaterialien, Insektenbefall, taube Bohnen, unfermentierte Bohnen u. ä.) als auf statistischen Angaben ihrer Bestandteile.

Es hat nicht an Versuchen gefehlt, bei unfertigen Bohnen die unterbrochene Fermentation nachzuholen, eine Postfermentation einzuleiten. Hierbei kommt es darauf an, die Bedingungen wieder herzustellen, die bei vorzeitigem Abbruch der Fermentation bestanden haben. Diese Nachbehandlung erfahren die Bohnen in einem Alkohol-Säure-Gemisch geringster Konzentration (0,1 bis 1 %) unter wechselnder Anwendung von Druck und Unterdruck. Die Bohnen nehmen hierbei Lösungsmittel auf, ohne daß es aber zu einer wesentlichen Quellung kommt, sie verbleiben eine gewisse Zeit (4—20 Stunden) in dem Gemisch bei mäßiger Temperatur und werden anschließend im Vakuum getrocknet. Die Säurelösungen sind je nach Bohnensorten unterschiedlich, mit Ester-, Aldehyd- und Ketonverbindungen gemischt und mit ihren Gehaltswerten auf den pH-Wert, wie er in der Schlußphase der normalen Fermentation besteht, eingestellt (pH 6).

Die Kakaobohnen werden in den Ernteländern getrocknet, gestapelt, in Säcken verpackt und so verladen. Durchschnittlich beträgt ihre Eigenfeuchtigkeit 7—8 %, nach unmittelbarer Trocknung nur 6 %. Die lufttrockenen Bohnen haben im Kern höchstens 5 % Wasser, in der Schale 12 %. Der Wassergehalt paßt sich der relativen Luftfeuchtigkeit an. Die Bohnen nehmen nach der Trocknung wieder Feuchtigkeit auf, wobei die einzelnen Sorten ein unterschiedliches Verhalten zeigen. Der Feuchtwert soll unter 8,5 % bleiben, um Schimmelwucherungen zu vermeiden. Jedes Gut steht mit der umgebenden Luft in einem Feuchtigkeitsgleichgewicht. Nach der Sorptionsisotherme beträgt der Feuchtwert für Kakao bei einer Luftfeuchtigkeit von annähernd 60 % — 8,5 %; der Wert steigt auf 11,5 %, wenn die Luftfeuchtigkeit 80 % beträgt.

Vor allem können auf dem Seetransporte, wenn ungünstige Bedingungen vorherrschen, die Kakaobohnen höhere Feuchtwerte annehmen. Eine Gefahr stellt der atmosphärische Feind dann dar, wenn während des Seetransportes Temperaturschwankungen auftreten, unterschiedliche Luftfeuchtigkeitsgebiete durchfahren werden und infolge der Temperaturdifferenzen Kondenswasser sich bildet, welches das Ladegut geradezu beregnen kann.

Lagerung der Kakaobohnen und des Zuckers

Die Kakaobohnen kommen in Säcken à 50 kg aus den Anbauländern an und werden in den Schokoladenfabriken auf große betonierte Trocken- und Lüftungsböden geschüttet, wenn nicht der Feuchtigkeitsbefall eine besondere Trocknung und Entlüftung notwendig macht. Eine Lagerung der losen Bohnen in Silos ist eine neuzeitliche Forderung, raumsparend und bei Bekämpfung von Schädlingen geboten. Die Silos haben eine regelbare Belüftungsanlage. Die Kakaobohnenschädlinge werden in ihrer Entwicklung durch Umwälzung einer konditionierten Luft von 14° C im Silo gehemmt; sie unterliegen bei dieser Temperatur einer Kältestarre. Sind feuchte Bohnen vorhanden, bilden sie Klumpen und Brücken, welche das ungehinderte Ablaufen und Nachfallen verhindern. Deswegen ist eine Trockenanlage vorgesehen, in der Regel auch eine Begasungsanlage, welche erst eine wirksame Schädlingsbekämpfung möglich macht.

Silozellen stehen außerhalb der Herstellerbetriebe und werden vor starker Sonnenbestrahlung durch Berieselungsvorrichtungen geschützt. Das Beschicken erfolgt auf pneumatischem Wege; eingebaut in die pneumatische Förderleitung sind Separatoren, die die Bohnen von Verunreinigungen befreien, grobe und leichte Bohnen voneinander trennen (vgl. Seite 11). Für den Fall einer längeren Lagerung besteht die Möglichkeit, daß die Bohnen umgestochen, d. h. von einem Lagersilo über eine Reinigungsanlage einem zweiten Lagersilo zugeführt werden. Die Silos haben eingebaute Spiralrutschen, Zick-Zack-Rutschen, Kaskaden, um zu vermeiden, daß die Bohnen bei der Einlagerung durch den freien Fall Bruch- oder Druckschäden erleiden. Es sind zylinderförmige hochstehende, nebeneinander angeordnete Silos, die durch eingebaute Taschen in Einzelzellen unterteilt sind. Dadurch wird dem Innendruck auf die Bohnen entgegengewirkt. Wegen der Druckempfindlichkeit der Bohnen ist die Silozelle in ihrer Größe so zu bemessen, daß der Bodendruck 4 t/m² nicht überschritten wird. Dies entspricht etwa einem Sackstapel von ~ 9 m Höhe. Um Bruchgefahr bei Entleerung der Silozellen auszuschließen, ist ein Entnahmerohr vorgesehen, das in die einzelne Silozelle hineinführt.

Das Beschicken des Silos erfolgt vom Schaltpult über Schalter, wodurch Zelle und Förderweg zur Zelle bestimmt werden.

Automatische Waagen, welche in den Materialfluß eingebaut sind, sorgen für eine genaue Dosierung der Abnahmemenge (vgl. Seite 31).

Jede Bewegung des Silogutes bringt eine Staubentwicklung mit sich. Die Silozellen sind daher mit einer Aspirationsanlage ausgestattet, die so eingerichtet ist, daß die einströmende Luft nur einen Weg von etwa 3—4 m hat, sie wird von unten zugeführt und mittels einer Querlüftung mit den Abgasen abgeleitet; ein Kondensbildung unterhalb der Zellendecke wird dadurch ausgeschlossen.

Die Figur 3 zeigt den Aufriß eines vieleckigen Zellensilos, dessen Zellen kreisförmig um ein mittleres Sammelrohr angeordnet sind. Das Sammelrohr wird aus der Vielzahl der schmalen Stirnseiten gebildet. Sammelrohr und Zellen stehen durch Schlitze miteinander in Verbindung, die sich im oberen Teil des Sammelrohres befinden und durch Blenden abgeschirmt werden können. Offen bleibt gerade der Schlitz derjenigen Zelle, die gefüllt oder entleert wird. Die Zellenbeschickung geschieht durch ein Rohr, welches auf einer Achse ruht, schwenkbar und auf die jeweilige Zelle einstellbar ist. Die Entleerung erfolgt in einen Trichter, welcher in Verbindung mit Transporteinrichtungen steht. Besondere Absperrvorrichtungen sind in das Sammelrohr eingebaut, so daß die Belüftung regional gelenkt werden kann.

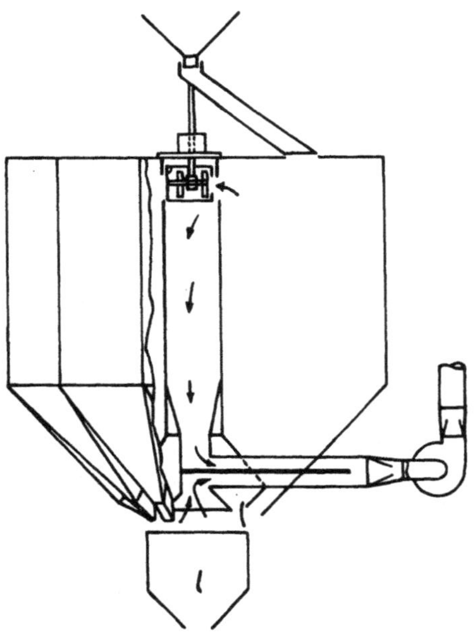

Fig. 3. Silobehälter

Wettbewerbsgründe zwingen zum kontinuierlichen und stufenlosen Mischen der Einzelpartien, zur Automatisierung der Lagereinrichtungen und Dosieranlagen. Die Bohnensorten lagern in einer Serie von großen Einzelbehältern, aus denen sie nach eingestelltem Schlüssel abgelassen und auf einem Transportband, welches alle Behälter verbindet, zum Mischungsbehälter gefördert werden. Der Füllungszustand wird durch Füllstandgrenzschalter angezeigt, die auf kapazitiven Widerstand zwischen Behälterwand und Sonde, welche im

Silo hängend angebracht und auf bestimmte Höhe eingestellt ist, ansprechen. Der Widerstand verändert sich mit der Näherung an die Sonde und zeigt damit die Füllhöhe an.

Am Anfang der Produktion stehen Wägewerte, die nur bei guter Lagerhaltung der gewogenen Ausgangsmaterialien unverändert bleiben.

Auch der Einlagerung des Zuckers ist gebührende Sorgfalt zu schenken. Verbrauchszucker enthält 0,02—0,04 % Wasser, der Wert steigt an, wenn die relative Luftfeuchtigkeit die 60 %-Grenze überschreitet. Größere Fabriken unterhalten Zuckersilos. Sie sind mit Mantelverkleidungen versehen, innerhalb deren konditionierte, temperierte Luft umgewälzt wird. Dies ist für außenstehende Silos während der Winterszeit von besonderer Bedeutung. Eine Temperaturminderung hat eine Erhöhung der relativen Luftfeuchtigkeit zur Folge und damit eine Auflösung von Zuckerkristallen aus den Randpartien, eine Brückenbildung bei dem Wiederauskristallisieren, ein Verhärten, wenn das Feuchtwasser in Richtung des Wärmegefälles abwandert.

Verunreinigungen machen den Zucker feuchtigkeitsempfindlich; ein gut sortierter und abgesiebter Zucker — Körnung 0,4 mm — besitzt eine gute Lagerfähigkeit. Mit dem Ausbau der automatischen Fördereinrichtungen kann der angelieferte Zucker in der ursprünglichen Reinheit und Trockenheit erhalten bleiben. Der Kristallzucker wird, wenn er in Tankwagen angeliefert wird, auf pneumatischem Wege in die Lagerbehälter gefördert, wobei die Förderlufttemperatur auf etwa 20° C gehalten, die Rohrleitung wassergekühlt wird.

Größerer Sorgfalt als Zucker bedarf die Lagerung von Milchpulver, das hygroskopisch ist und vor der Berührung mit Metallteilen, insbesondere Kupfer, und vor der Fettspaltung durch das Enzym Lipase bewahrt bleiben muß*.

In der Rentabilitätsrechnung ist der Standort der Vorrats- und Zwischenbehälter ein wichtiger Wertfaktor. Alle Teile einer Fabrikationsanlage sind zu einem Ordnungsschema zusammengefaßt, in das das sinnvolle Aneinanderreihen der Maschinenaggregate wie die zweckmäßige Aufstellung der Silobehälter und die rationelle Anordnung der Förderwege einbezogen sind. Das Schema Figur 4 zeigt in einem Beispiele die Gliederung einer Teilanlage einer Schokoladenfabrik mit einer vertikalen Aufteilung auf mehrere Stockwerke unter Einbau einer Zuckermühle in den Verteilerweg, bei direktem Zufluß des Milchpulvers aus einem oberen Behälter in den Einlauftrichter eines Kneters und mit den Ringleitungen für Kakaobutter und Kakaomasse aus den heizbaren Behältern, die in gleicher Etagenlage mit dem Kneter Aufstellung gefunden haben.

Für den Grad der Automatisierung ist die Schaltung der inneren Fabrikanlage ebenso wichtig wie die Standortswahl einer Fabrik. Hierzu gehören

* Vgl. Rohstoffkunde in Parlow, Schokolade und Konfekt. Verlag H. Cram, Berlin.

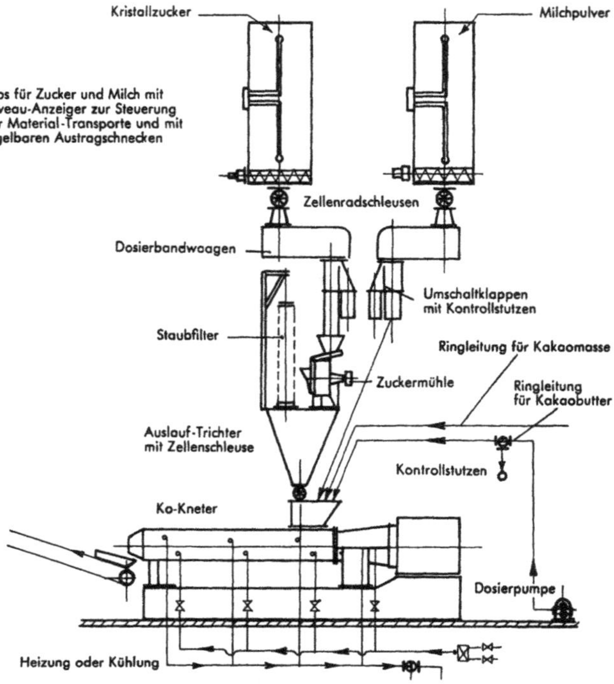

Fig. 4. Installationsschema eines Teiles einer Schokoladenfabrik

Steuerpulte (-Warte). Die Zentralsteuerung der einzelnen Maschinenaggregate, welche im Raum verteilt stehen, durch entsprechende Transportanlagen verbunden und bei einem kontinuierlichen Arbeitsverfahren aufeinander abgestimmt sind, ist eine Grundvoraussetzung für einen automatisierten Betrieb.

Reinigung der Kakaobohnen

Die Schokoladenfabrikation beginnt mit der Reinigung der Kakaobohnen in besonderen Reinigungsmaschinen. Die Kakaovorreinigungs- und Auslesemaschine basiert auf einer Sieb-, Bürst- und Windreinigungsvorrichtung. Sie ähnelt einer Getreidereinigungsmaschine. Rüttelsiebe verschiedener Maschenweiten, die durch Kurbelwelle oder Exzenter betätigt werden, halten größere Fremdteile zurück und lassen kleinere durchfallen. Eingebaut sind Schwingsiebe, die flache Kreisbogenschwingungen ausführen. Eine gewisse Rauhigkeit der Siebflächen ist angezeigt, damit das Gut nicht einfach darüber hinweggleiten kann, sondern umgewälzt wird. Eine ausrückbare Bürstvorrichtung entfernt Staub und Sand von den Schalen. Größte Störungen verursachen

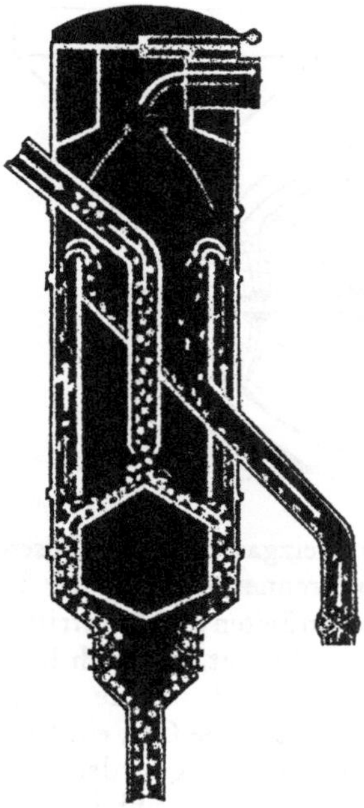

Fig. 5. Zulaufseparator

Eisenteile. Daher ist ein starker Magnet eingebaut, der die Eisenteile herauszieht. Die Bohnen gelangen über eine pneumatische Förderleitung und einen Steinausleser in den Reiniger (Separator) und kommen dort in den Bereich eines Luftstromes, der gleichmäßig durch einen Ringkanal geführt wird. Das Gut wird im aufsteigenden Luftstrom nach seinem Schwebevermögen sortiert. Die schweren Teile sinken ab, die leichten treten durch einen seitlichen Auslauf über eine Schleuse aus, die staubförmigen Stoffe wandern mit dem Luftstrom weiter.

Besondere Separatoren (Figur 5) sind in die Zuleitung eingebaut, wenn Kakaobohnen in Silos gelagert werden. Sie dienen zum Vorreinigen. Das Sichtgut wird von oben zugeführt, über einen Verteilerkegel im unteren Raum des Separators verteilt und in einem aufsteigenden Luftstrom durch jeweils andere Strömungswiderstände in die verschiedenen Größen und Formen aufgeteilt (Zulaufseparator).

Bei dem pneumatischen Separator mit Zusatzbelüftung wird das Gut in den unteren Raum des Separators eingespeist und mit der Förderluft in den oberen geschlossenen Expansionsraum getragen. Die schweren Teile fallen als erste Fraktion in der ersten Zone, die leichten Teile, welche mit dem Luftstrom nach oben gelangen, als zweite Fraktion in der oberen Zone aus, die Staubteilchen (Flugteile) schließlich werden mit dem Luftstrom ausgetragen.

Nach dem Einlagern ist, bedingt durch den Abrieb und durch das Austragen aus den Silozellen, noch eine Nachreinigung auf gleiche Weise, gegebenenfalls noch ein anschließendes Verlesen auf dem Verleseband, durchzuführen, um schiefrige und violette Bohnen auszusondern.

Rösten und Darren der Kakaobohnen

Der nächste Arbeitsvorgang ist das Rösten der Bohnen. Es gibt Kugelröster bzw. Trommelröster, welche sich durch ihre Bewegungsorgane voneinander unterscheiden und unterschiedliche Bewegungsumläufe der Bohnen in der Röstkugel bzw. Trommel auslösen. Es ist das Prinzip dieser Röster, Heizgase durch die Röstkugel anzusaugen.

Der Röster der Figur 6 besteht aus einer drehbaren Röstkugel, die mit einem feststehenden Mantelgehäuse umgeben und durch mehrere Arme von einer Welle angetrieben wird. Mit dem Außenmantel fest verbunden ist der

Brennerstutzen und zu ihm in Diametralstellung der Einlaßstutzen, der mit einem Exhaustor ausgestattet und durch eine Einlaßklappe verschließbar ist. Breite Mischflügel, die mit der Kugel fest verbunden sind, lockern das Gut auf und wälzen es von den Randzonen zur Mitte. Dies geschieht langsam, um Bruch und Abfall gering zu halten.

Fig. 6. Kugelröster

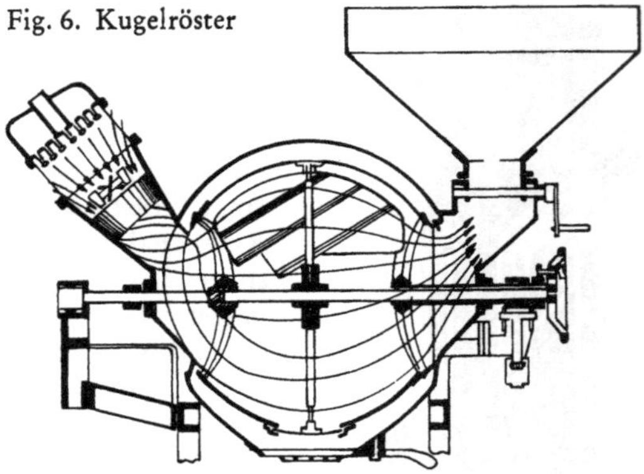

Fig. 7. Brennerkorb des Kugelrösters

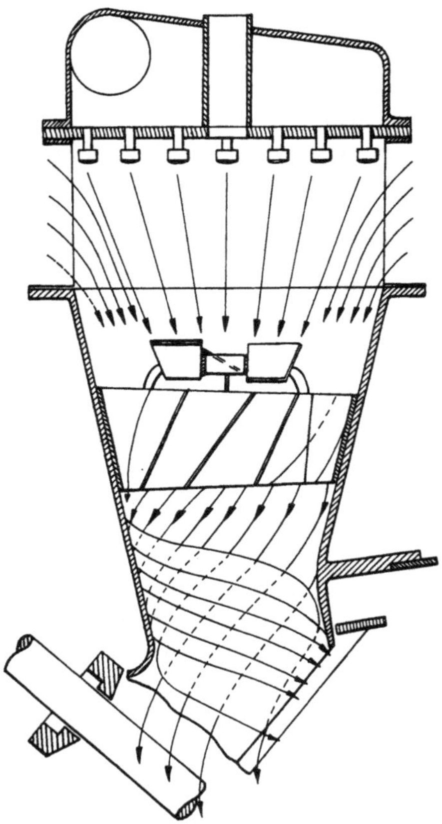

Das Heizgas tritt aus Düsen in den Brennerkorb ein, der in der oberen Seitenwand Eintrittsöffnungen besitzt, wodurch Luft angesaugt wird. Kalte Luft trifft auf das heiße Gas, ein kalter Luftmantel umgibt den heißen Gasstrom. Er trifft in dem konisch sich verjüngenden Stutzen auf Stauleitflächen, die das Gemisch durchwirbeln, ehe es auf das Röstgut einwirken kann. Dadurch wird ein ungleichmäßiges Rösten mit einem Heizgas vermieden, in dem kalte und heiße Zonen wechseln. Wärme wird gleichmäßig an das Gut bei geringem Brennstoffverbrauch abgegeben (Figur 7).

Der Brennerkorb erweitert sich zu einem Ringraum mit eingebauten Dralleitflächen, auf welche die Heizgase vor ihrem Eintritt in die Röstkugel treffen. Sie erhalten an diesen Flächen einen Drall, so daß die Heizgase im oberen wie im unteren Teil der Kugel sich verteilen. Die Neigung der Drallleitflächen ist entgegengesetzt der Neigung der Stauleitflächen, so daß der Röstgasstrom einen entgegengesetzten Drall erfährt. Dadurch wird die Vermischung der heißen und kalten Gase vervollständigt, die Turbulenz gesteigert, die Verweilzeit der Heizgase in der Röstkugel verlängert und das bloße Passieren der Heizgase durch den oberen Kugelraum vermieden. Es kann keine heiße Flammenspitze auf das Röstgut treffen, der Flammenstrahl wird verkürzt, ein homogenes Gemisch von Heizgasen in einem gleichmäßigen Strom durch den ganzen Querschnitt des Röstraumes gedrückt.

In dem Brennerstutzen verbrennt das Gas zu Kohlensäure und Wasserdampf, so daß die Bohnen keinen Gasgeschmack annehmen können. Der Gasdurchgang wird automatisch geregelt oder mittels Hebelzug auf den gewünschten Grad eingestellt, die Zusatzluft gefiltert. Die Gebläse-Gasheizung kann auf verschiedene Hitzegrade eingestellt, wenn notwendig, unter Ausschaltung des Gasstromes auch kalte Luft in die Röstkugel geleitet werden für den Fall, die Bohnen bei Überhitzung abzuschrecken.

Den Schalen haften angetrocknete Fruchtmusreste an, die entfernt werden müssen. Um ein vollständiges Absaugen der Verunreinigungen und der Verbrennungsrückstände zu erzielen, ist es tunlich, einen hinreichenden Raum in der oberen Kugelhälfte frei zu lassen, die Röstkugel nicht übermäßig zu beschicken. Dies ist schon deswegen geboten, um die Gefahr des Brechens der Bohnen auszuschließen. Aus diesem Grunde wird die Kugel auf eine niedrige Drehzahl eingestellt.

Die Maschine hat eine ausschließliche Innenbeheizung. Es gibt Röster, die eine Innenheizung als auch eine Außenheizung aufweisen. Diese Röster haben einen doppelwandigen Röstzylinder, das Luftkissen zwischen den beiden Wänden der Rösttrommel dient als Medium zur gleichmäßigen Hitzeverteilung und darüber hinaus als Hitzespeicher. Die Heizeinrichtung liegt unterhalb der Rösttrommel. Die Figur 8 zeigt die Tornado-Großleistungs-Röstmaschine mit der langen Rösttrommel, dem direkten Getriebemotor-Antrieb, den Bowdenzügen für die Heißluftführung. Die Heißluft wird um die Rösttrommel mit anschließender Durchsaugung

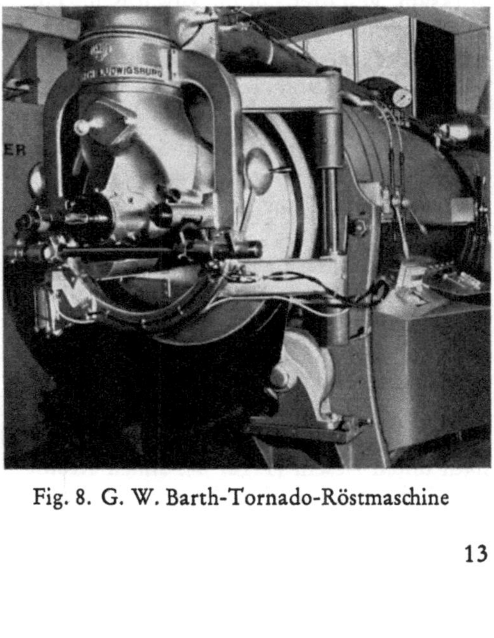

Fig. 8. G. W. Barth-Tornado-Röstmaschine

durch das Röstgut (Außen- und Innenbeheizung) oder aber nur außen um die Trommel gelenkt.

Die Rösttrommel hat Gas- oder Ölbeheizung, besitzt zwei Brenner, die tiefseitlich der längeren Trommel angebracht sind und stufenweise reguliert werden. Der Röstexhaustor ist an die Rückseite der Maschine versetzt, die Stärke der Absaugung wird durch einen eingebauten Zugmesser auf die gewünschten Werte eingestellt.

Außenheizung ist insbesondere beim Präparieren des Kerngutes zweckmäßig; durch sinnvolle Zuführeinrichtungen und Umwälzvorrichtungen können die alkalischen Flüssigkeiten zwecks Präparierung (Seite 44) über den ganzen Trommelinhalt gleichmäßig verteilt und unmittelbar anschließend die gebrochenen Kakaokerne geröstet werden.

Der Trommelkonus wird zwecks Entleerung des Rösters mittels Hebel vorgezogen, das Gut fällt rasch in das Kühlsieb, das mit Druck- und Saugkühlung ausgestattet ist, bei dem ein Niederdruck-Ventilator Frischluft ansaugt, ein zweiter Exhaustor die warme Luft aus dem Sieb nach oben absaugt. Die Löcher des geschlossenen Siebes können hierbei, was den Kühleffekt recht wirksam gestaltet, nicht zuwachsen. Die Steuerung erfolgt automatisch mittels Lochkarten-Programmierung, welche die eingestellten Werte von Temperatur und Zeit konstant hält.

Der Überhitzung der Randpartien und Bildung von Brandflecken wird durch die Konstruktion dieser Röster entgegengewirkt.

Eine schonende Behandlung und gelinde Erhitzung erfahren die Bohnen in der Röstdarre. Die Bohnen dörren, sie trocknen aus. Die Vorzüge des Darrens liegen zunächst einmal in der kontinuierlichen Arbeitsweise. Die Darre ist eine Rieselanlage, in der die Bohnen im Zick-Zack-System von oben nach unten rieseln (Figur 9). Ihnen strömt Heißluft entgegen. Eingebaut in die Darre

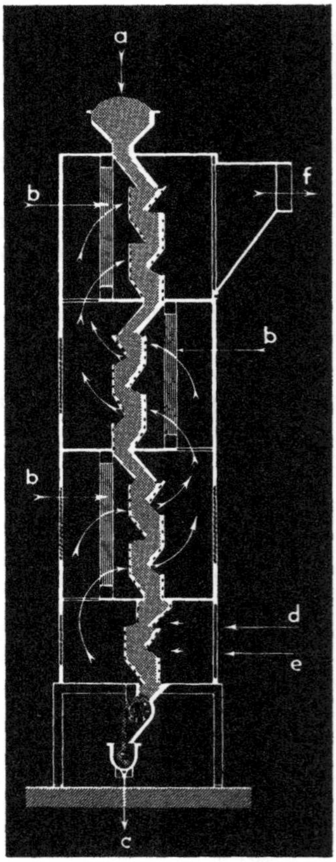

Fig. 9. Probat-Darre
a Materialeinlauf
b Heizkörper
c Materialauslauf
d Lufteintritt
e Kühlzone
f Luftaustritt

sind mehrere Heizaggregate, die die Temperatur in den einzelnen Teilabschnitten regeln. Die schematische Darstellung zeigt drei Heizkörper im oberen Teil der Darre, der untere Teil dient als Kühlzone. Die eintretende Luft kühlt die heißen Zonen ab, gleichzeitig wird die Luft vorgewärmt. Die Geschwindigkeit des Luftstromes ist regulierbar, damit auch in seiner Temperatur beeinflußbar.

Geheizt wird mit gespanntem Dampf von 6—10 atü, mindestens 6 atü (etwa 158° C), in der Regel 7 atü, maximal dürfen es 10 atü (179° C) sein. Dies ist die Temperatur des Dampfes in den Rohren zur Erhitzung des heißen Luftstromes, dem die Kakaobohnen entgegenrieseln. Die Temperatur der Bohnen soll 120—125° C betragen. Wenn ein Heißluftstrom von 140° C für 35 Minuten auf die Kakaobohnen einwirkt, so nehmen sie folgende Temperaturen an

nach	10 Minuten	80° C
nach	15 Minuten	90° C
nach	20 Minuten	100° C
nach	25 Minuten	104° C
nach	30 Minuten	110° C
nach	35 Minuten	115° C.

Das Darren ist nichts anderes als eine verhältnismäßig milde thermische Behandlung des Gutes.

Die Rösttemperatur ist unterschiedlich und hängt davon ab, ob Sonnen- oder Feuerkakao geröstet werden soll, d. h. Kakao, der in den Tropen an der Sonne oder in Trockenhäusern getrocknet worden ist. Feuerkakaos werden schwächer geröstet als die Sonnenkakaos. Die Rösttemperatur kann wegen der Sortenverschiedenheit und der unterschiedlichen Vorbehandlung der Bohnen nur in ungefähren Grenzen und als in dem Bereich von 100 bis 145° C liegend angegeben werden.

Ein neuzeitliches Bestreben geht dahin, Kugel-Röster einzusetzen, in einem Arbeitsgang hohe Rösttemperaturen (145° C) einzuhalten, hierbei eine Röstzeit von 25—30 Minuten innezuhalten. Das gilt insbesondere für die Fälle der Kakaopulvergewinnung aus einer unpräparierten (nicht alkalisierten) Masse, um das Abpressen der Kakaobutter zu erleichtern.

Kakaokerne, die in einem Alkalisierprozeß aufgeschlossen sind, erfahren einen vorsichtigen Trocken- und Röstprozeß bei niedriger Temperatur in einem Spezial-Probat-Röster. Edelkakaosorten (Arriba, Venezuela, Trinidad) setzt man ebenfalls keiner starken Rösthitze aus, um einen Verlust hochwertiger Aromastoffe zu vermeiden. Bohnen, die zur Schokoladenherstellung bestimmt sind, werden schwächer geröstet, als Bohnen, die der Kakaopulvergewinnung dienen.

Nach Beendigung des Röstprozesses müssen die Bohnen gekühlt werden. Die Darre hat eine eigene Kühlzone und ist mit einem zusätzlichen Exhaustor ausgerüstet, da des öfteren eine intensive Kühlung bis zu 30° C notwendig wird. Der Kugelröster besitzt einen besonderen Rundbehälter mit einem Sieb als Boden, einem Flügelwerk innerhalb des Behälters. Mit der Öffnung der Auslaufschieber wird eine schnelle Entleerung der Kugel erreicht, das Röstgut im Rundbehälter unter Einsatz eines Exhaustors luftgekühlt. Das muß schnell geschehen, weil anderenfalls die Bohnen wieder Feuchtigkeit anziehen würden. Feuchte Bohnen erschweren das nachfolgende Brechen. Durch das Rösten wird der Kern mahlfähig, die Schale brüchig und spröde; sie soll nicht wieder antrocknen. Noch aus einem anderen Grunde ist sofortige Kühlung nötig. Es muß sich das beim Rösten verflüssigte Fett vor dem Brechen der Bohnen wieder verfestigen, damit der Kernbruch in der Brech- und Reinigungsmaschine nicht schmiert und zu Betriebsstörungen führt.

Das Ende der Röstung wird durch eine Waage bei gleichzeitigem Ertönen eines Glockenzeichens angezeigt. Es wird nach Gewicht geröstet. Ein querlaufender, mit Gewichten belasteter Balken steht nach dem Prinzip einer Waage mit der Röstkugel in Verbindung.

Bei der vollautomatischen Ausführung der Maschinen sind alle Arbeitsgänge automatisiert, die Entleerung der Kugel, die Einschaltung der Kühlung, die Entleerung des Kühlsiebes, die Neubeschickung der Maschine für eine neue Röstung, die in der Regel 20—30 Minuten dauert.

Der Wassergehalt der Bohnen verringert sich bei der Röstung um Beträge, die in der Regel zwischen 0,5 und 2 % liegen.

Der Essigsäuregehalt nimmt ab, er liegt vor dem Rösten bei 0,05 % und sinkt während des Röstens und der Warmlagerung auf etwa 0,03 % ab. Auch andere Säuren, die in winzigsten Mengen in der Bohne enthalten sind, gehen flüchtig, so die Propionsäure, die in den Kakaosorten regelmäßig vertreten, die Ameisensäure, die in gewissen Provenienzen vorhanden ist. Der Säurerückgang ist besonders in den Randpartien der Bohnen merkbar. Nicht zuletzt ist der Rückgang der Gerbstoffe, der Catechine und der Epi-Catechine, beim Rösten für die Ausgewogenheit des Kakaogeschmacks recht bedeutungsvoll. Hierbei treten chemische Umwandlungen sowie Kondensationen ein, die den löslichen Teil der Gerbstoffe vermindern, so daß sie geschmacklich nicht mehr wahrgenommen werden können. Auch der Anthocyangehalt wird reduziert.

Eiweißstoffe werden denaturiert und unlöslich, zum Teil abgebaut. Diesen Eiweiß-Aminosäuren lagern sich reduzierende Zucker an, die in jeder Bohne in geringer Menge (etwa 1 %) vorhanden sind. Im Wege einer Maillard-Reaktion geht der Gesamtstickstoffwert der Bohnen durch den Abbau der Eiweiße um etwa 10 % zurück.

Gute Röstergebnisse sind nur mit gleichwertigen Bohnen zu erreichen. Je ungleichmäßiger die Bohnen in einem Sortengemisch vorliegen, um so ungleichmäßiger ist die Röstung. Während die großen Bohnen noch nicht den nötigen Röstgrad erreicht haben, sind die kleinen bereits überröstet. Hierbei entstehen Bitterstoffe infolge der Karamelisierung der Stärke. Arribabohnen, die dickschalig sind, müssen anders geröstet werden als Javabohnen, welche locker in der zerbrechlichen Schale sitzen.

Beim Rösten treten Fettverluste auf. Aus dem Zellverband der Bohnen tritt Fett aus, das von den Fruchtmusresten, von dem trockenen Staub, zu welchem die Reste gerieben werden, aufgenommen wird. Auch die Schalen adsorbieren Fett. Ein weiterer Fettverlust tritt beim Absaugen des trockenen Staubes aus der Kugel sowie im späteren Arbeitsgange beim Absaugen des Dunstes aus der Brech- und Reinigungsmaschine ein. Dieses Fett ist für die Schokoladenherstellung verloren, für kosmetische Zwecke aber verwertbar. Ihr Betrag liegt um 2 bis 2,5 %. Die Fettverluste hängen von der Rösttemperatur, der Röstdauer und, wie nachgetragen werden muß, von dem Reifezustand der Bohnen und damit von der guten Ablösbarkeit der Schalen ab. Bei unreifen Bohnen ist der Abgang der Kernsubstanz größer als bei reifen Bohnen.

Um die Fettverluste gering zu halten, werden Infrarotröster eingesetzt, die mancherorts auch zum Rösten von Haselnüssen und Erdnüssen Verwendung finden. Hierbei wird die Bohne im Innern wie in den Randpartien gleichmäßig stark erhitzt.

Die Kakaobohnen haben im frischen Erntezustande etwa 1,4 % Theobromin gegenüber 0,17 % Coffein. In der abgepreßten Kakaobutter ist das Coffein angereichert und in höheren Anteilen als Theobromin vorhanden, es hat eine bessere Fettlöslichkeit als Theobromin. Gerbstoffe sind in Kakaobutter nicht löslich.

Brechen und Entschälen der Kakaobohnen

Dem Rösten folgt unmittelbar das Brechen und Entschälen der Bohnen. Dies geschieht in besonderen Brech- und Reinigungsmaschinen. Sie besitzen längsgeriffelte Walzen, die die Bohnen erfassen und durch Druck zerbrechen (Figur 10). Die langsam rotierenden Walzen laufen mit einer Differenzgeschwindigkeit. Das Brechen erfolgt durch einen kurzen heftigen Druck auf die Bohne. Es ist ein Zerbrechen und kein Zermahlen, infolgedessen ist die Grusbildung gering. Je trockener die Bohnen sind, um so stärker ist die Druckwirkung. Bei schwach gerösteten Bohnen oder solchen, die infolge von Feuchtigkeit dem Zerkleinern Widerstand entgegensetzen, wird die Differenzgeschwindigkeit des Walzenpaares vergrößert. Die schneller laufende Walze übt eine mehr streifende und schneidende Wirkung, nicht oder nicht mehr eine ausschließliche Druck-

Fig. 10. Walzenbrecher für Kakaobohnen

wirkung auf die Bohne aus. Wenn das geröstete Gut trocken geblieben ist, reicht für den Zerkleinerungseffekt das Gegeneinanderdrücken aus.

Von der Einstellung der Einzugsspalte des Walzenpaares hängt es ab, in welcher Größe die Kernstücke anfallen. Dieses Aufteilen nach der Größe der Kernstückchen geschieht in speziellen Reinigungsmaschinen, in einfachster Weise durch einen Sortierzylinder, der mit Maschendraht, in den verschiedenen Zonenbereichen mit gradmäßig ansteigenden Weiten, bespannt ist. Bei dem Umlaufen des Sortierzylinders wird in der vorderen Zone Grus, dann folgend feines Kerngut mit Keimen und in der entfernten Zone grobes Gut abgeschieden.

Die Reinigungsmaschine besitzt einen besonderen Keimauslesezylinder mit geprägten bzw. gefrästen Zellen, um die Keime von den Kernteilen zu trennen, die etwa gleiche Größe, aber andere Form haben.

Die Maschinen besitzen in der Regel Vibrations- und Schwingsiebe; sie lassen gesondert die verschiedenen Bruchstückgrößen durchfallen, die in besonderen Ausläufen gewonnen werden (Figur 11). Es erfolgt eine Absiebung mit fallender Masche, nach welcher Siebtechnik anfangs die groben, später die feinen Teilchen abgesiebt werden. Das Gut wird einem entgegenwirkenden Luftstrom ausgesetzt und hierbei gereinigt. Eine neuzeitliche Reinigungsvorrichtung zeigt Figur 12 mit einem Rieselleitblech, auf das die sortierten Kernstückchen fallen und auf ihm zum Auffangkasten abgleiten. Das Neu-

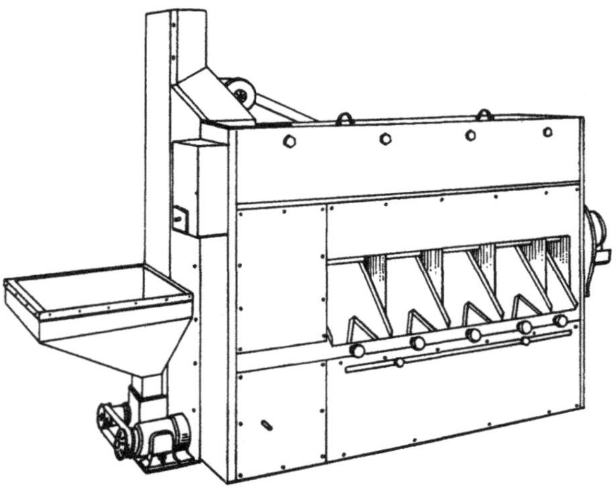

Fig. 11. Kakaobrech- und Reinigungsmaschine mit Einschüttkasten, Elevator und Kammerausläufen

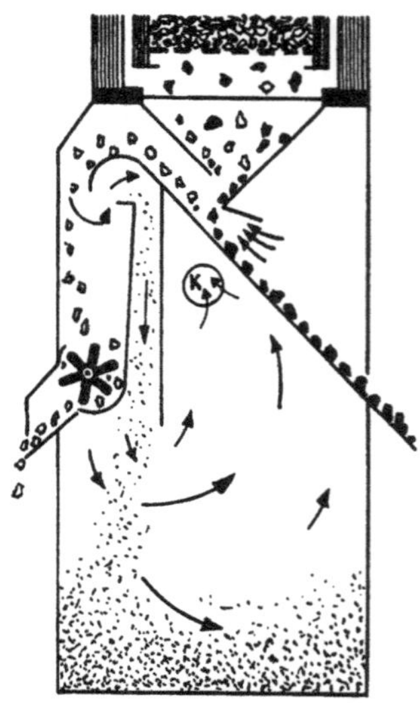

Fig. 12. Schema einer Reinigungskammer, Teil aus Figur 11

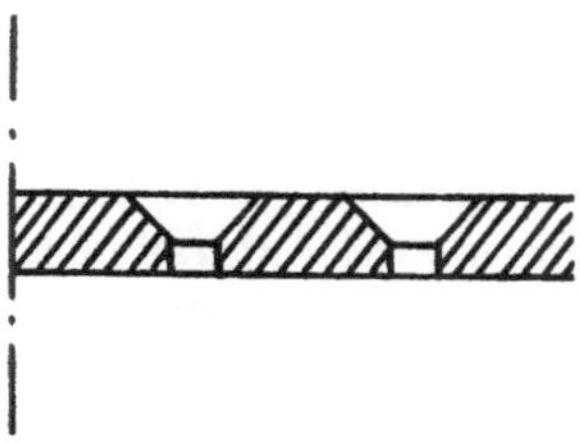

Fig. 13. Keimauslesetaschen in einer Brech- und Reinigungsmaschine

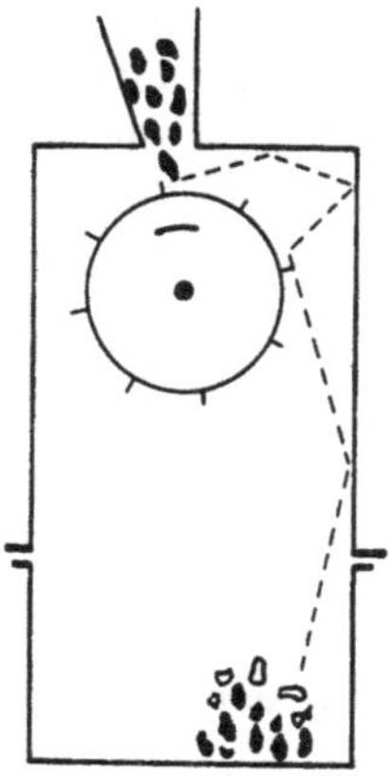

Fig. 14. Kakaobohnen-Brech- und Schälvorrichtung mit umlaufendem Rotor

artige ist der Bewegungsumlauf des Luftstromes; er wird an der engsten Stelle, an welcher die Bohnen vom Trichter auf das Leitblech rutschen, eingesaugt, zweimal umgelenkt, mittels eines Ventilators aus der Absetzkammer abgesaugt. Das hat zur Folge, daß durch die erhöhte Zentrifugalkraft eine scharfe Trennung von Kernteilchen und Schalenteilchen erreicht wird, ohne daß Zykloneinbauten und Filtereinrichtungen notwendig werden. Die Schalen und Staubteilchen werden vom Luftstrom fortgetragen und über den oberen Rundteil des Leitbleches hinausgetragen, die Schalenteilchen fallen über eine Schleuse nach unten, die Staubteilchen nehmen mit dem Luftstrom den durch den Kanal bestimmten Weg in die Absetzkammer, wo sie sich beim langsamen Herabfallen am Boden absetzen.

Ältere Reinigungsmaschinen arbeiten mit Schlauchfilterschleusen, an deren Wänden sich der Dunststaub niederschlägt, der durch Rüttelvorrichtungen abgeklopft und in Kastenbehältern aufgefangen wird.

Eingebaut in die Kakaobohnen-Brech-und-Sortiermaschine ist eine Keimauslesevorrichtung. Die Keime liegen mit Kakaokernbruchstückchen in der etwaigen Größe von 3—5 mm in dem betr. Auslauf vor und müssen voneinander getrennt werden. Hierzu dient eine Siebplatte mit trichterförmigen Einlauftaschen (Figur 13). Die Kerne fallen in den Trichter und durch den zylindrisch ausgebildeten Engspalt, der für das grobstückige Kerngut zu eng, für die Passage der länglichen Keime ausreichend dimensioniert ist. Das Sieb ist schräg gestellt, so daß die Kernstückchen wieder aus den Taschen gleiten, hierin nicht festgehalten werden.

Die größeren Reinigungserfolge sind dann zu erzielen, wenn die Grusbildung gering ist, die Kernstückchen nicht gerieben werden. Die Figur 14 zeigt eine Vorrichtung, in der die Zerkleinerung der Bohnen durch Stoß, in der Mehrzahl durch Wandstöße, erfolgt. Die Bohnen werden in ein quaderförmiges Gehäuse eingespeist, treffen unter einem flachen Winkel auf das Schlagrad, eine Trommel, die mit Schlagleisten versehen ist, prallen unter unterschiedlichen Winkeln auf die Gehäuse-Wandflächen, werden hierbei wieder in den Bereich des Schlagrades zurückgeworfen und fallen schließlich nach erneutem Wandaufprall unter stumpfem Winkel nach unten.

Das Wurfrad nimmt einen erheblichen Teil des quaderförmigen Gehäuses ein, so daß die Kernstückchen nur kurze Wege zwischen zwei Aufprallpunkten zurücklegen und dann wieder in den Trommelbereich geraten. Es ist genügend Raum zwischen Trommelrad und Gehäusewand vorhanden, um eine Reibebewegung in der Enge zwischen beiden auszuschließen. Darauf kommt es wesentlich an. Die Bohnen prallen unter einem spitzen Winkel auf, die Bewegungsenergie wird nur zu einem Bruchteil für die Gutszerkleinerung genützt, so daß Grobgut, kein Feingut anfällt.

Der Wurfschäler, der in vielen Industrien für die Kerngutzerkleinerung eingesetzt wird, weist geringfügige Abwandlungen desselben Prinzips auf. Das einlaufende Gut passiert einen Ringschieber, mit welchem gleichzeitig die dem Schleuderrad zuzuführende Luftmenge eingestellt werden kann. Ein in der Drehzahl regelbares Wurfrad schleudert die Bohnen gegen einen ringförmigen Prallmantel, der einen konischen Auslauf hat. Die Bohnen zerbrechen hierbei. Es ist vornehmlich eine Schleuder-Druckbewegung, die Reibebewegung gering. Das gebrochene Gut wird anschließend in einen Hülsenseparator gelenkt und darin nach dem spezifischen Gewicht in Schalen und Kernteile getrennt.

Erstrebenswertes Ziel der Schokoladenindustrie ist es, das Optimum an verwertbarer Kernsubstanz herauszuholen. Die Schalenbestandteile machen 12 % aus. Die Ausbeute an geröstetem Kakaokerngut beträgt, auf die Trockensubstanz bezogen, etwa 80—83,5 %, Kakaogrus (2,5 %) und Staub machen die restlichen Anteile aus.

Das Vermahlen des Kernbruchs und Pulverisieren des Zuckers. Die gebräuchlichsten Mühlen

Der Kakaokernbruch wird auf Mühlen weiter zerkleinert, den Schlagkreuzmühlen, Stiftmühlen, Schlagstiftmühlen, Ringmühlen, Prallmühlen, Strahlmühlen. Die Mahlscheibenmühlen sind vielfach einem Walzwerk vorgeschaltet und mit ihm kombiniert.

Die zerkleinernde Wirkung dieser Mühlen beruht auf Reibung, Stoß oder Prall.

Der Effekt der Schlagkreuzmühle beruht auf einer Kombination von Stoß- und Reibevorgängen. Diese Mühle hat eine auf der Antriebswelle befindliche

Fig. 15. Schlagkreuzmühle

Schlagscheibe, auf welcher mehrere Schlagarme angebracht sind. Ihr gegenüber befindet sich im Ringgehäuse eine mit Rippen besetzte Scheibe oder ein Ringkranz solcher Rippenflächen. Diese Rippen dienen als „Amboß“, auf die das Gut, das durch die Schlagarme aufgewirbelt wird, prallt. Durch die hohen Drehzahlen des Schlagkreuzes tritt eine Umfangsgeschwindigkeit von etwa 80 m/sec. ein, die eine starke Luftzirkulation verursacht. Sie treibt das Gut radial aus, meist durch Spaltöffnungen zwischen der Peripherie beider Scheiben. Damit ist das Wesentliche der Schlagkreuzmühlen herausgestellt, die sonstigen Einbauten modulieren lediglich die Bewegungsvorgänge.

Fig. 16. Innenteil der Schlagkreuzmühle

Die Pralltellermühlen haben ein Mahlscheibenpaar in einem ringförmigen Gehäuse. Eine Scheibe ist feststehend, die andere rotiert. Die rotierende Scheibe läuft mit dem äußeren Kranz, einem Kreissegment mit längsgeriffelten Flächen (3), in entgegengesetzter Richtung zu der inneren Kreisfläche (2), welche Schlagkreuzleisten aufweist und das Gut gegen die geriffelten Flächen wirft (Figuren 15, 16). Die Rippen sind flächig gewölbt, um ein Festsetzen von Masseteilchen zu verhindern; über diese Rippen gleitet und rollt das Gut. Zwischen dem umlaufenden und dem ruhenden Prallteller befindet sich ein Spalt,

Fig. 17. Kakaoringmühle

welcher einstellbar ist und mit der Einstellung den Mahlgrad reguliert. Es ist eine sieblose Mühle. Durch das Rotieren der verschiedenen Segmente wird eine intensive Durchwirbelung des Gutes in einem luftverdichteten Raum erzielt und damit eine hohe Durchsatzleistung erreicht, gleichzeitig das Gut ausgeschleudert. Der Aufnahmebehälter ist als Waage konstruiert.

Die Figur 17 zeigt eine Kakaoringmühle mit einem ringförmigen Gehäuse, in dem sich die Mahlscheiben befinden. Die Scheiben haben verschiedene Mahlkränze und Mahlzonen, von innen nach außen die gerippte Ringfläche der Vormahlscheiben, die längsgeriffelten Querrippen des Mahlkranzes und schließlich die glatte Ringfläche auf der äußeren Peripherie der Mahlscheibe. Die Mahlscheiben besitzen ein Vormahlscheibenpaar aus Hartstahl und ein äußeres Ringpaar aus Carborundum. In der letzten Zone erfolgt das Feinmahlen. Der innere Mahlring hat eine starke Profilierung, um die groben Kakaokernteile zu erfassen. Der äußere Mahlring ist griffig, aus gesintertem Material (Carborundum), um die Kakaozellen aufzureißen.

Eine eingebaute Kühlung zwischen den Vormahlringen und den Feinmahlringen verhindert stärkere Erwärmung des Kakaobreies. Das Gut wird über eine Vibrationsdosierrinne der Mitte der feststehenden Scheibe zugeführt, deren Abstand zur anderen rotierenden Scheibe einstellbar ist. Das Massegut, welches den nötigen Feinheitsgrad erlangt hat, kann aus Spaltöffnungen an den Ringkranzwandungen austreten und wird in einem Behälter aufgefangen. Es kann nicht mehr Masse zufließen als aus dem Ringgehäuse abfließen kann, es bleibt genügend Raum für das Schleudergut.

Ein Luftstrom, der während des Mahlvorganges das Ringgehäuse passiert, saugt die unangenehmen Kakaodünste ab. Die Mahlscheiben laufen mit 360 Umdrehungen in der Minute, so daß das Mahlgut innigst durchgewirbelt, gegen die Querrippen geschleudert, durch die verschiedensten Bewegungsvorgänge (Aufprallen, Stoßen, Reiben) feinst aufgeteilt wird. Die geringe Umdrehungszahl vermeidet eine ungünstige Erhitzung des Gutes.

Eingebaut in die Zufuhrleitung ist ein Dauermagnet, um Eisenteile zurückzuhalten und damit Maschinenschäden und Brandgefahr auszuschließen.

Die Aufprallgeschwindigkeit sinkt mit abnehmender Mahlgutgröße wegen Zunahme des spezifischen Flugwiderstandes, dadurch mindert sich die Zerkleinerungswirkung. Auch die Form und Größe des Mahlgutes, d. h. seine Auftrefffläche ist für den Zerkleinerungseffekt maßgeblich; mit abnehmender Teilchengröße nimmt die Festigkeit zu.

Für Teilaufgaben auf dem Gebiete der Kakaokernvermahlung kommen die schnellaufenden Korundsteinmühlen, die einen geringen Platzbedarf benötigen, zu vielfachem Einsatz. Zwei Karbokorundscheiben liegen aufeinander und lassen einen Spalt frei, den das Mahlgut passieren muß. Eine Scheibe, der Rotor, läuft mit hoher Umdrehungszahl (3000 UpM) gegen die andere feststehende Scheibe, den Stator. Das Mahlgut fließt vom Zentrum der Mahlscheibe nach deren Peripherie. Die Mahlscheiben haben eine durch die Korund-Körnung bedingte Porösität. Bei dem Rotieren der Scheibe entstehen Scherpunkte, an denen das Gut zerrissen, sowie Wirbelzonen, in denen das Gut zertrümmert wird. Der Abstand der Scheiben ist einstellbar und entscheidet über Mahlfeinheit des Gutes.

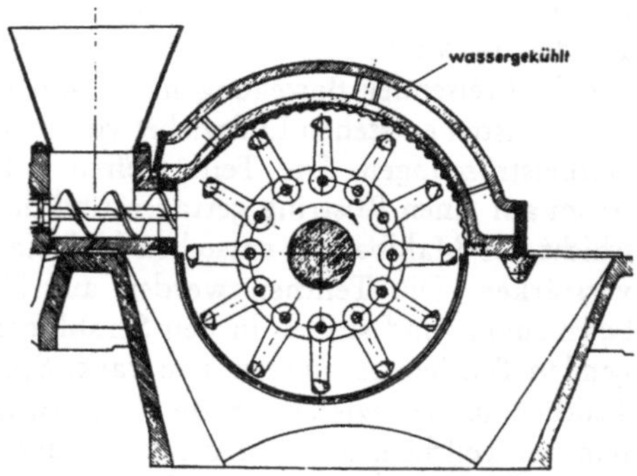

Fig. 18. Hammermühle

Ein Kühlmantel ist eingebaut, um Überhitzungen des Gutes in der Mühle auszuschließen. Auch feuchtes Gut kann zermahlen werden, erforderlichenfalls unter Stickstoffüberdruck, um Vitaminzerstörungen zu vermeiden (bei Fruchtmusen) und um geschmackliche Einbußen als Folge von Oxydation auszuschließen.

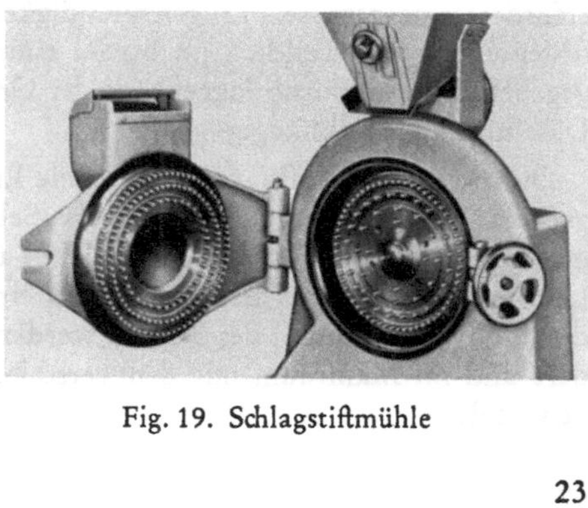

Fig. 19. Schlagstiftmühle

Hartkörniger Zucker wird in den Mühlen zertrümmert, durch gegenseitiges Aufeinandertreffen oder durch Aufprallen auf Kanten zerkleinert. Die Figur 18 zeigt das Schema einer Hammermühle, in welcher das Gut von den Hämmern über eine mit zahlreichen scharfen Kanten versehenen Mahlbahn getrieben und dabei zertrümmert wird.

Das Feingut fällt durch ein den unteren Teil des Mahlraumes ausfüllendes Sieb, während das Grobgut nochmals in die Umlaufbahn gebracht wird.

Bei Schlagstiftmühlen, deren Schlagscheiben mit Stiften (Figur 19), Nocken, Zahnkränzen u. ä. ausgestattet sind, erfolgt eine Zerkleinerung des Gutes vornehmlich durch Stoß. Eine bestiftete Scheibe greift in eine zweite ein, wobei beide gegeneinander rotieren, oder aber, wenn sie gleichsinnige Richtung haben, mit verschiedenen Geschwindigkeiten rotieren. Die Anwendung von Stiftmühlen findet eine Begrenzung in der Teilchengröße des Mahlgutes; von dieser Größe hängt es ab, wieviel Flugenergie in Stoßenergie umgewandelt wird, wenn die Teilchen aufeinander treffen oder auf Flächen aufprallen. Eine gewisse Reibewirkung wird durch die stete Zick-Zack-Bewegung der Teilchen in der äußeren Ringstiftreihe erzielt.

Für die Zuckerzermahlung sind Umluftmühlen, Strahlmühlen, übrigens auch für Verarbeitung fettarmer Kakaomassen, sowie Turbo-Mühlen im Einsatz. Man nutzt in der heutigen Zerkleinerungstechnik die Wirkung schneller Wirbelströmungen. Das Gut wird durch Luftstrahlen unter einem bestimmten Winkel in den Mahlraum geblasen, der mit breitflächigen Schlagleisten ausgestattet ist. Ein Turbogebläse saugt mit den Zuckerkristallen Luft an, die im Mühlengehäuse mit großer Geschwindigkeit zirkuliert und das Gut in kreisender Bewegung hält. Durch den umlaufenden Rotor mit den Schlagleisten entstehen Luftwirbel von hoher Dilatation, Zonen verschiedener Wirbelströmungen. Die Teile treffen aufeinander und werden vom Luftstrom auf einen Rostring getragen und dort feinst zermahlen. In der Grenzschicht der Mahlbacken entstehen kleinste Wirbel, die den Zerreibungseffekt verstärken. Die Teilchen werden auf hinreichend große Geschwindigkeit beschleunigt und stoßen in den Strahlbereichen mit anderen radial eindringenden Teilchen zusammen. Die starke Spiralströmung schleudert die größten Teilchen immer wieder an die Außenwand des Mahlraumes, während die feinsten Teilchen, und nur diese, aus der Mühle mit dem Luftstrom herausgetragen werden. In der Strahlmühle sind bei richtiger Strahlführung die gegenseitigen Teilchenstöße gegenüber den Wandstößen vorherrschend. Dies erfordert eine gewisse Prallgeschwindigkeit, die durch die pneumatische Beschleunigung der Teilchen im Strahl eingestellt wird. Hierfür ist der vorgegebene Weg mitausschlaggebend; der Grad der Beschleunigung ist von den Düsenöffnungen abhängig.

Durch einen Umluftkanal wird kühle Luft an die Mühlenaggregate herangeführt. Figur 20 zeigt einen Turbo-Selektor, der vornehmlich der Vermahlung fettarmer Kakaos dient (12 % und darunter). Der Turbo erzeugt Luftwirbel, in denen die Teilchen aufeinanderprallen und sich zerreiben; durch die Schlagleisten des Turbos werden sie gegen die Mahlbahn geschleudert und im Mahlraum mit den verschiedenen Druckzonen durcheinandergewirbelt.

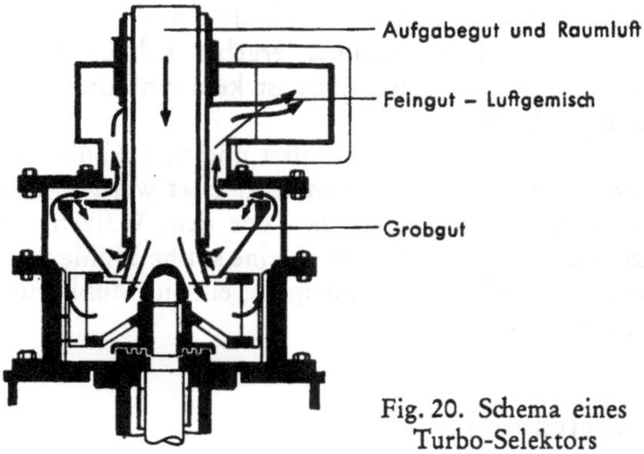

Fig. 20. Schema eines Turbo-Selektors

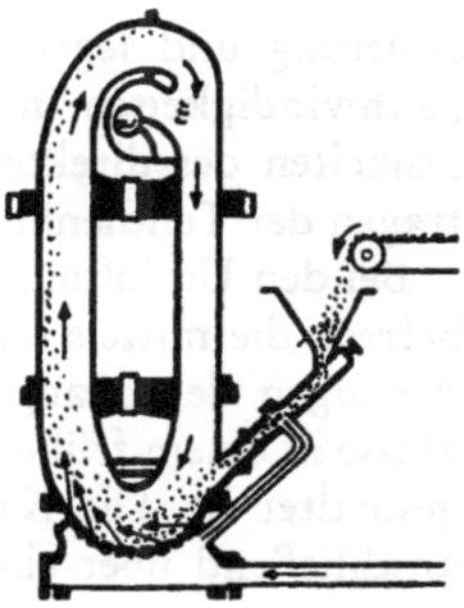

Fig. 21. Moderne Strahlmühle (Querschnitt)

Bei Strahlmühlen ist die Druckvermahlung ausgeprägtes Arbeitsprinzip. Die Strahlmühle, in ihrer Bauart ein Yet-O-Mizer, ist in den USA und in Rußland bei der Weichzerkleinerung eingesetzt und als Kernstück in die Mosimann-Anlage übernommen worden. Es ist eine Mühle ohne rotierende Teile. Sie wird beschrieben, um an diesem Beispiel das Grundprinzip der Turbo-Strahlmühlen zu erläutern.

Diese Mühle besitzt ein ovales Aussehen, hat zwei Längsschächte und eine gekrümmte Brechkammer, welche die beiden Schächte miteinander verbindet und den unteren Teil der Schachtanlage bildet (Figur 21). Das Mahlgut wird in den unteren Einfüllstutzen aufgegeben und als Fertiggut in dem oberen Teil der Mühle, in der Trennzone abgeschieden.

Die Brechkammer ist in einzelne Taschen unterteilt, welche die Form eines nach außen sich verjüngenden Trapezes haben. Diese Taschen haben Austrittsdüsen, welche als Steildüsen ausgebildet sind. Druckluft wird hinter den Düsen expandiert, diese Druckluft von 10—20 atü erfährt durch den Bau der Düsen beim Austreten eine Beschleunigung, sie führt die Gutsteilchen mit, die in den Luftwirbeln sich gegenseitig zertrümmern. Die Zerkleinerung beruht auf „Zweierstößen". Es ist eine Prallzerkleinerung durch Aufeinandertreffen der Teilchen, und nicht eine Zerkleinerung durch Reiben an den Wandverschalungen.

Die Luftströme haben hohe und unterschiedliche Geschwindigkeiten während des Kreisens in der Mühle. Bei hohen Geschwindigkeiten nimmt die Luftreibung nach dem quadratischen Widerstandsgesetz zu und damit auch der Abbremsweg der Teilchen. Die Feinstteilchen werden abgebremst und treffen in der Mehrzahl der Fälle nicht auf die Innenwände der Mühle. Ihre Flugwege sind wegen ihrer niederen Wichte sehr kurz. Die Teilchen werden von Luftströmen wechselnder Intensität getragen und treffen mit unterschiedlichen Bewegungsenergien aufeinander. Sie nehmen hierbei andere vektorielle Geschwindigkeiten an, erfahren bei jedem Zusammenstoß eine Richtungsänderung und legen eine Zickzackbahn zurück. Sie laufen mit Differenzgeschwindigkeiten innerhalb der Flugbahn, dadurch ergeben sich die Möglichkeiten des direkten gegenseitigen Auftreffens. Es ist kein einfaches Mittragen der Teilchen innerhalb der Luftzone.

Bei den Umluftmühlen wird das Gut intensiv belüftet und von Abdünsten befreit, die mittels Ventilatoren in nahe Abzugskanäle geleitet werden. Das Absaugen der unangenehmen Abdünste erfolgt noch vor dem Walzen der Masse in einem frühen Stadium, wenn dem Walzwerk eine solche Mühle vorgeschaltet ist. Die Kakaomasse verläßt als zähflüssiger Teil die Mühle, um anschließend über ein Dreiwalzwerk zu laufen.

Kneten und Mischen. Dosieren und Verwiegen der Massen

Die nächste Arbeitsstufe ist das Vermischen von Kakaomasse und Zucker, das Zusammenstellen der Schokoladenmasse, das Zugeben von Zusätzen für die verschiedenen Schokoladensorten. Das geschieht nach den neuzeitlichen Verfahren im Kneter, nach älterer Herstellungsmethode im Melangeur. Der Melangeur ist ein Rundbehälter mit einem Granitboden, welcher umläuft und die Masse in fortlaufender Bewegung hält (Figur 22). Das obere Rahmengestell trägt zwei Läufer, die durch ihr Eigengewicht nach unten drücken, in der Höhe einstellbar sind und sich um ihre feststehende Achse drehen können. Die Aufhängelage der Läufer bleibt in dem Rundbehälter, wenn sie eingestellt ist, der rotierende Boden zieht die Masse durch den Spalt zwischen Boden und Läufer. Dadurch erfolgt eine grobe Verreibung und Zerquetschung sowie eine gleichmäßige Belüftung und Entlüftung der Masse, die weich und plastisch wird. Es können außer der Drehwanne auch die beiden Walzen des Melangeurs angetrieben werden, die wieder ausgeschaltet werden, wenn die Masse flüssig geworden und ohne Schwierigkeiten durch den Spalt gesogen wird. Ein Vorteil der Kollergänge besteht darin, daß feuchte Massen, unabhängig vom Feuchtigkeitsgrad, verarbeitet werden können. Der Melangeur wird als Misch- und Zerkleinerungsmaschine immer noch in der Schokoladenindustrie eingesetzt. Die Massezerkleinerung beruht im wesentlichen auf Brechkräften. Dadurch, daß Kakaobutter frei wird und durch den hohen Preßdruck die Packungsdichte der Partikelchen sich erhöht, erfolgt eine Plastifizierung der Masse. Im pastenförmigen Zustande während

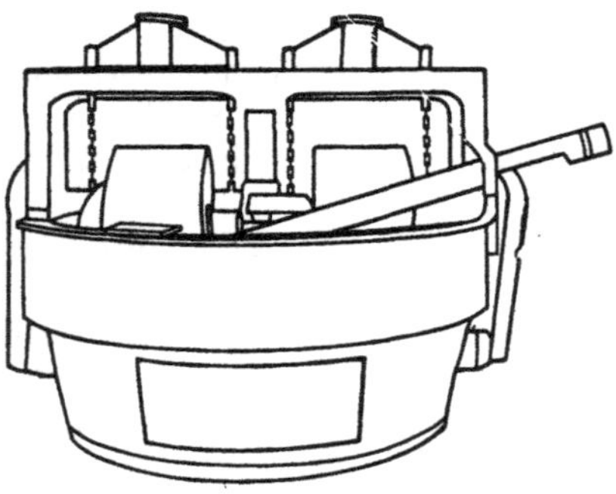

Fig. 22. Melangeur

der zweiten Phase des Melangierens erfolgt die Zerkleinerung durch Scherkräfte, die über eine umgebende Flüssigkeit ausgeübt werden. Das ist die Kakaobutter. Sofern der Melangeur einige Zeit gelaufen ist, gehen die aromatischen Stoffe, die in Konzentraten zugesetzt werden, auf die Schokoladenmasse über. Er zeitigt durch seinen Bewegungsmechanismus gute Mischeffekte.

Der Melangeur ist beheizbar und wird auf eine Betriebstemperatur von etwa 35—40° C gebracht.

Die neuzeitlichen Vorrichtungen zum Homogenisieren des Gutes sind die Kneter mit ihren Rührflächen, Knetscheiben, Schneckenflügeln, die in einem trogartigen Behälter langsam umlaufen und durch die im Gegenstromprinzip arbeitenden Rührwerke eine Misch- und Druckwirkung erzielen. Die Kneter unterscheiden sich durch Art und Anbringung der Bewegungselemente. Es sind spiralförmig angeordnete Flügelsegmente, die sich auf zwei Wellen befinden, Rechts- und Linksdrall haben und im entgegengesetzten Drehsinn angetrieben werden. Andere Kneter besitzen kreissektorförmige Schaufeln, die in der Mitte Aussparungen aufweisen; diese Schaufeln stehen in gleichem Abstande voneinander und in spitzem Neigungswinkel zur Wellenachse mit einer Steigung, die wechselnd ist, so daß jeweilig eine Schaufel im Uhrzeigersinn, die andere entgegengesetzt umläuft. Durch die Anordnung der Schaufeln auf zwei Wellen, die nebeneinander laufen, ergeben sich zwei geschlossene Kreisströme für die Masse im Kneter. Die Figur 23 zeigt die gegenläufigen Wellen in einer Doppelmulde eines Ausstoß-Mischkneters.

Die großflächigen Knetsegmente sind nach anderer Konstruktionsart als bloße Dreiecksflächen ausgebildet und auf ihrer Achse stufenförmig versetzt (Figur 24). Die Masseteilchen führen kreisförmige und wendeltreppenförmige Umläufe aus. Sie gleiten in dünner Schicht und in Druckzonen aneinander vorbei, hierbei treten Scherkräfte auf, die das Gut dehnen und reißen. Die Zerkleinerungswirkung mittels Scherkräfte, welche größenordnungsmäßig von der Umlaufgeschwindigkeit des Gutes zwischen den Knetscheiben und in linearer Beziehung von der Zähigkeit des Massegutes abhängt, ist begrenzt.

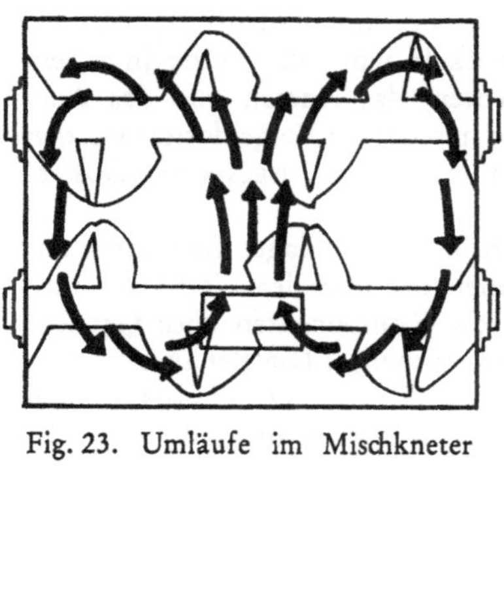

Fig. 23. Umläufe im Mischkneter

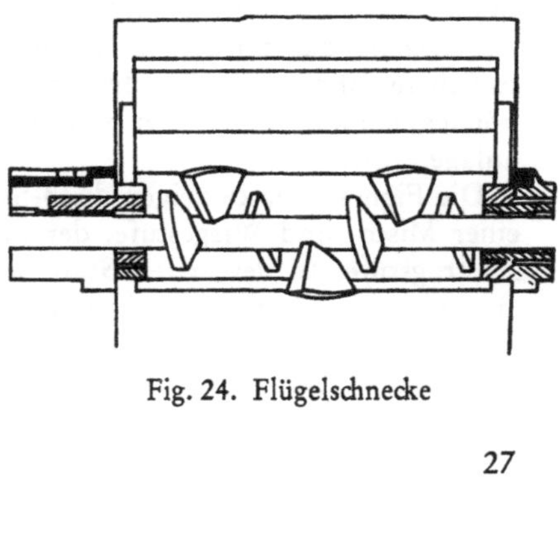

Fig. 24. Flügelschnecke

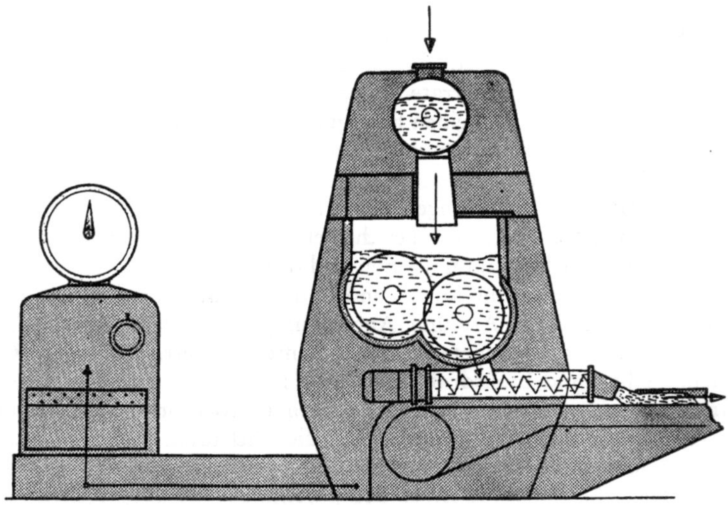

Fig. 25. 3-Stufen-Konti-Knet-Anlage

Es tritt beim Kneten eine Aufteilung der Massebestandteile in dem Sinne einer Dispergierung, einer innigen Vermengung ein. Ein günstiger Effekt ist dann erreichbar, wenn die Masseteilchen klein sind, und außerdem ein Druck auf die Teilchen ausgeübt wird. Die Schokoladenmasseteilchen sind in fester und in flüssiger Phase und müssen im Kneter trotz der Benetzungsschwierigkeiten dicht aneinander gepreßt werden. Das Kakaofett dringt in die trockenen Teilchen ein, das Gut wird plastifiziert.

Wenn feuchte Massen vermengt werden, kommen Vakuumkneter zum Einsatz, welche über der Knetmulde eine Vakuumhaube besitzen. Dieser Kneter hat zwei Aufgaben, Kneten und Feuchtigkeitsentzug.

Die Chargen-Kneter haben einen unteren Ausstoß, arbeiten diskontinuierlich. Aus dem Bestreben, den gesamten Ablauf der Schokoladenfertigung kontinuierlich zu gestalten, sind Kneter entwickelt worden, welche in einem Arbeitsgang das Einwiegen der Komponenten, das Kneten und das Ausstoßen ausführen. Die Einzelmengen müssen in schneller Folge dosiert werden können, ein kontinuierlicher Kneter muß daher sinnvoll ausgestattete Dosieranlagen besitzen.

Die Figuren 25, 26 zeigen die 3-Stufen-Konti-Knetanlage. Sie besteht aus einer Misch- und Wiegestufe, der Hauptknetstufe und der Nachknet- und Austragstufe. In der ersten Stufe werden die Komponenten nach Gewicht eingewogen und mittels Rührschaufeln grob vermengt. Die Behälter wirken mit ihrem Gewicht auf eine Dosierwaage, die bei Erreichung eines bestimmten einstellbaren Gewichtes das betreffende Zubringemittel ausschaltet. In der

Konti-Knetanlage können zwölf Vorprodukte exakt zugemessen werden. Dem Wiegebehälter nachgeordnet ist ein zweiter zylinderförmiger Behälter, der an Volumen größer ist als der Wiegebehälter. Er weist T-schaufelförmige Flügelsegmente auf zwei Gewindewellen auf, die die Masse durchpflügen und ihr gleichzeitig eine Wanderungsrichtung erteilen. Die Verweilzeit des Gutes in dem Hauptknetbehälter ist länger als in dem Vorkneter, die Knetzeit je nach Masse unterschiedlich, für Milchschokolade länger als für Bittermassen. In der Hauptknetstufe legt die Masse einen längeren Weg zurück, das Eintrittsgut wird mehrmals mit dem Inhaltsgut des Behälters umgewälzt, ehe es in der Förderrichtung an die Austrittsstelle gelangt. Eine automatische Niveaueinrichtung sorgt für den gewünschten Massestand in dem Behälter und für den einstellbaren Masseabzug aus dem Behälter. Damit ist auch die Stundenleistung des Kontikneters festgelegt, sie liegt bei 1500—4000 kg, ausreichend für einen Bedarf von 4—5 Fünfwalzwerken. In der dritten Stufe erfolgt der Ausstoß der Masse über eine Doppelwellen-Knetschnecke, in der die Masse nochmals homogenisiert, dann als kontinuierlicher Strang auf ein Stahlband gelegt wird, um dem Walzwerk direkt zugeführt zu werden.

Wichtig für den Knetprozeß ist die Reihenfolge, in der die einzelnen Bestandteile — Kakaomasse, Zucker, Milchpulver, Kakaobutter — zugegeben

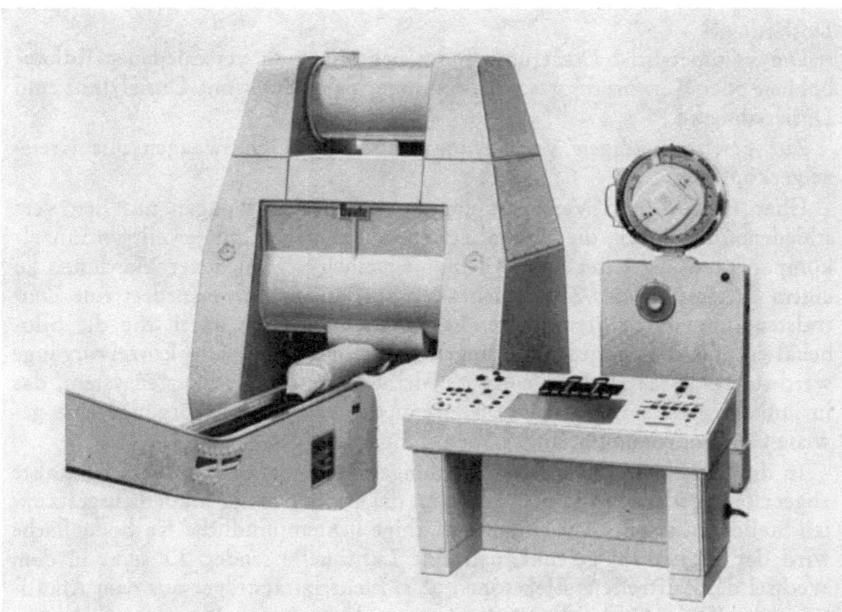

Fig. 26. Gesamtanlage des kontinuierlichen Kneters mit Schaltpult

werden, sowie die Innehaltung von Zeitabständen, die für das Aufnehmen und Aufgehen der Bestandteile im Massesumpf nötig sind. Schließlich hat auch die Vorbehandlung der Massen eine gewisse Bedeutung. Der Zucker, der fein gemahlen ist, wird vor dem Zuleiten angewärmt (etwa 35° C). Ein feuchter Zucker beeinträchtigt die Fließbarkeit der Kakaomasse. Das trockene Zusammenlaufen dieser beiden Bestandteile begünstigt zudem die Ausdünstung. Die Kakaobutter wird erst zugegeben, nachdem das Milchpulver vom Sumpf geschluckt ist.

Wenn die Zusammensetzung der Masse und damit auch die Verweildauer in den Stufen geändert wird, regelt ein Programmschaltwerk, das synchron zur Ausstoßmenge der Nachknetstufe arbeitet, automatisch diese Änderungen in der Zufuhr der Massen für die Hauptknetstufe. Die Einwiegung geschieht durch eine Lochkartensteuerung.

Das elektronische Prinzip (Waagen-Schaltschema)

Die vollautomatischen Behälterwaagen besitzen Schaltknöpfe, welche auf Lichtschrankenbasis nach dem elektronischen Prinzip, dem Grundprinzip einer Fotozelle, arbeiten.

So werden die Gewichtseinstellungen der Dosierwaagen gesteuert.

Es gibt eine volumetrische und zum anderen die genauere gewichtsmäßige Dosierung.

Die volumetrische Dosierung findet bei Mischung verschiedener Kakaobohnen oder Kernbruchsorten Anwendung, sie arbeitet mit Dosierrinne und Dosierschnecke.

Zur gewichtsmäßigen Verwiegung dienen die Gefäßwaagen mit Kreiszeigerköpfen.

Über Förder- und Verteileranlagen werden den Waagen aus den verschiedenen Behältern, die oberhalb der Waagen stehen, die jeweiligen Einzelkomponenten zugeleitet. Das Aneinanderreihen verschiedener Maschinen zu einem System und das Zusammenfassen zu Bandstraßen erfordert eine Zentralsteuerung durch Steuerpulte, Leuchtschaltwarten u. ä., in die die Silobehälter und die Wägevorrichtungen einbezogen sind. Die Einzelvorgänge werden ferngesteuert. Eine elegante Methode ist das Lochkartensystem, das in immer größere Arbeitsbereiche, wenn die Fabrikationsvorgänge eine gewisse Größenordnung erlangt haben, Eingang findet.

In die Karten sind D-förmige Öffnungen gestanzt, welche durch Kontakte abgetastet werden. Ein Lichtstrahl kann die Lochkarte nur an den ausgestanzten Stellen passieren. Auf eine breitflächige lichtempfindliche Kathodenfläche wird der Lichtstrahl gelenkt, den eine Lichtquelle sendet. Er setzt in dem Wechsel des Auftreffens Elektronen, d. s. Elektrizitätsträger aus dem Alkalibelag der Kathode frei, die an den Gegenpol, die Anode, wandern und einen Stromstoß erzeugen bzw. eine elektrische Spannung hervorrufen oder ändern.

Diese elektrische Energie wird zur Auslösung von Schaltvorgängen genützt.

Die Programmkartensteuerungen der automatischen Verwiegeanlagen sind vielgestaltig. Figur 27 zeigt ein Schaltschema, in welchem die fotoelektrische Abtastung unter Verwendung einer Lochscheibe und eines Fotozellenverstärkers symbolisch dargestellt ist (Fa. F. Gothot, Mülheim). Mittels einer Lochscheibe wird nach Maßgabe des eingestellten Gewichtes von einer Fotozellenlampe ein Fotostrom erzeugt, welcher zur Ausschaltung des ersten und zum Einschalten des zweiten Einlasses genützt wird.

Die Lochkarte dient als Programmierer, automatisiert mit bestimmten Schaltfolgen die Produktion, beispielsweise bei den automatischen Waagen die Herstellung eines Stoffgemisches.

Die Dosierbandwaagen haben eine große Wiegegenauigkeit und werden anderen Waagesystemen vorgezogen, wenn es gilt, größere Zuflußmengen, die mit konstanter Bandgeschwindigkeit anlaufen, zu wägen. Die Figur 28 stellt das Grundprinzip einer solchen Dosierbandwaage dar. Das Gut wird auf einer Wägestrecke gewogen, der die Entnahmestrecke für Aufnahme des

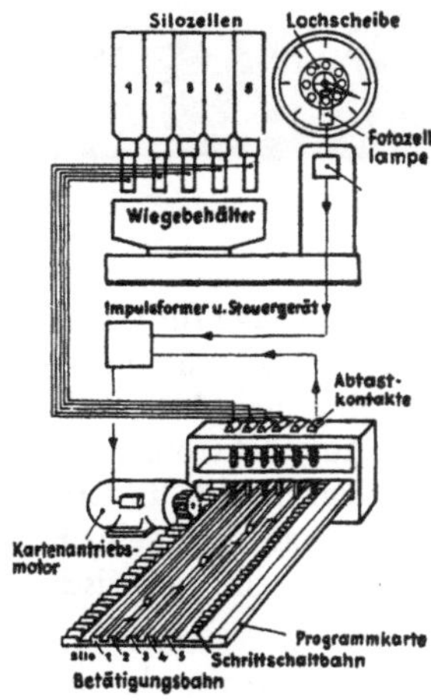

Fig. 27. Schaltschema einer fotoelektrischen Wägevorrichtung

Fig. 28. Dosierbandwaage
A Entnahmestrecke
B Wägestrecke
C Abwurfstrecke
D gesteuerter Schieber
E Wägemechanismus

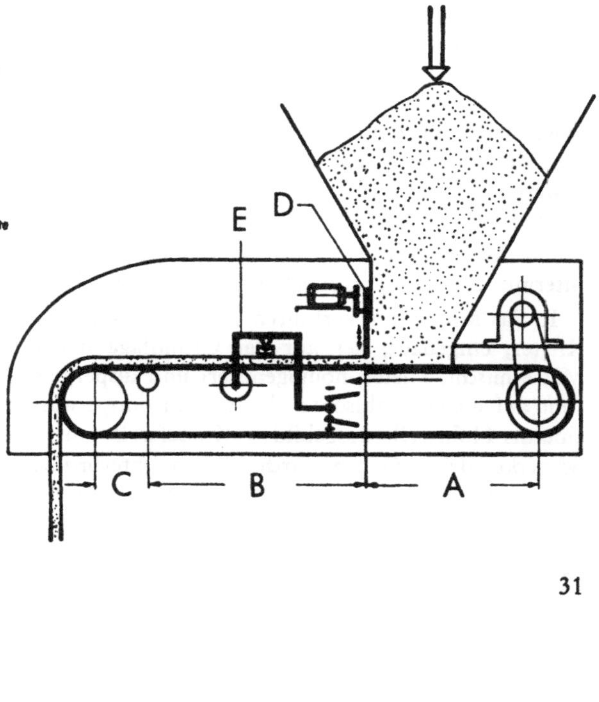

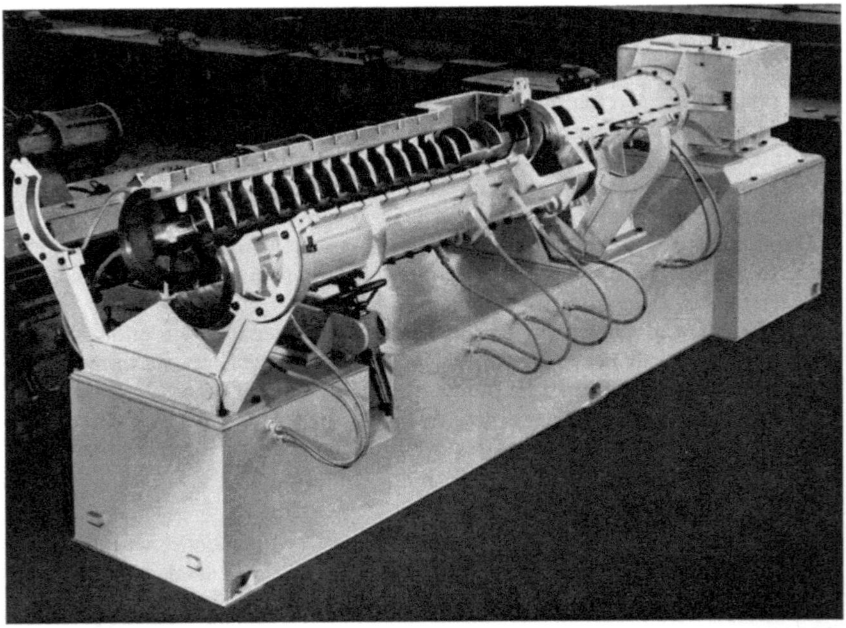

Fig. 29. Buss-Kneter

Gutes voranläuft. Die geschwindigkeitsgesteuerte Dosierbandwaage für Güter mit verändertem Schüttgewicht mißt Materialgewicht und Bandgeschwindigkeit und bringt beide miteinander in Beziehung, wenn eine gleichbleibende Förderleistung bei der Dosierung erreicht werden soll. Auf elektronischem Wege wird die Bandgeschwindigkeit, wenn das Schüttgewicht sich ändert, nach der abgeworfenen Materialmenge gesteuert. Schließlich kann nach einem anderen Waagesystem bei einer Änderung des Schüttgewichts ein motorisch getriebener Schieber entsprechend verstellt werden.

Die kontinuierliche Arbeitsweise bringt eine Personalersparnis, da die intermittierenden Transportaufgaben wegfallen; sie ist auch raumsparend.

In das Mosimann-Verfahren ist ein kontinuierlicher Kneter, der Buß-Ko-Kneter, eingebaut, der auf der Grundlage der Pilgerschrittbewegung die Masse mischt, knetet, homogenisiert und dispergiert (Figur 29). Der Kneter ruht auf einem Stahlsockel, besitzt ein doppelwandiges Knetergehäuse und eine als Hohlwelle ausgebildete Kneterwelle mit einer axial verschiebbaren Schnecke, deren Gänge durch Lücken unterbrochen sind. In diese Lücken greifen, wenn das zylinderförmige Gehäuse geschlossen ist, Knetzähne ein, die auf der Gehäuseinnenseite fest montiert sind. Die Schnecke verschiebt beim Rotieren das Gut axial zum Austrittsende über die verschiedenen Knetzonen. Das eingefüllte Knetgut wird von der Schnecke erfaßt und stetig vorwärts gefördert, bis es an einen Knetzahn stößt. Die hier festgehaltenen Masseteilchen kommen bei der Vorwärtsbewegung der Schnecke durch die zugehörige Lücke in den nächst hinteren Schneckengang zurück. Auf diese Weise erfolgt ein zwangsläufiger Materialaustausch. Die Knetzähne halten das Gut an den Unterbrechungsstellen fest, das bei dem weiteren Umlaufen der Schnecke in den nächst hinteren Schneckengang gelangt, ehe es von den Schneckenflügeln wieder erfaßt und in Austrittsrichtung weiter befördert wird. Im Zusammenhang mit dem zugehörigen Schneckenflügel ist jeder Knetzahn eine Mischungsmaschine für sich. Das Gut staut sich an den Unterbrechungsstellen der Schneckenwelle; der rotierenden Bewegung ist eine oszillierende überlagert. In dieser Knetzone werden die Masseteilchen gegeneinander verschoben, vermengt und geknetet.

Gehäuse und Welle sind zu Heiz- und Kühlzwecken in drei voneinander abhängige Zonen unterteilt.

Die Maschine eignet sich zum kontinuierlichen Kneten und Mischen von Massen in großindustriellem Maßstabe in den verschiedensten Bereichen der Lebensmittelindustrie, beispielsweise auch der Teigaufbereitung.

Das Walzen der Schokolade und die Walzwerke

Dem Kneten folgt das Walzen. Als kontinuierlicher Strang, kommend vom Konti-Kneter, wird die Masse auf einem Stahlband zum Walzwerk gefördert. Das Band ist mit Führungsschienen ausgestattet und kann Steigerungen überwinden. Es ist mit einer Keilriemenspurleiste versehen, so daß ein seitliches Abrutschen des Gutes ausgeschlossen ist, das Band durch den Anpreßdruck nicht zur Seite laufen kann.

Nach der Zahl der Walzen gibt es Drei-, Vier-, Fünf-, Sieben- und Achtwalzwerke; vornehmlich kommen die Drei- und die Fünfwalzwerke zum Einsatz (Figur 30). Sie bedürfen besonderer Halte- und Einbauvorrichtungen. Die Fünfwalzwerke haben ein Mindestgewicht von etwa 7000 kg; sie sind auf einer Grundplatte montiert, auf welche die Seitenständer fest aufgeschraubt sind. Die Walzen ruhen auf Pendelrollenlagern, die in einem senkrecht stehenden Eisengerüst fest einmontiert sind. Die Fünfwalzwerke bedürfen starker Seitenwände, da die rotierenden Walzen Erschütterungen verursachen und Fliehkräfte auslösen; die größten Fliehkräfte gehen von den oberen Walzen, die die größten Umlaufgeschwindigkeiten haben, aus.

Es sind Hartgußwalzen mit einer hohen Walzenhärte. Sie bestehen aus Gußeisen mit einer weißerstarrten Mantelzone, welche eine besonders hohe Verschleißfestigkeit besitzt. Sie verläuft allmählich in der folgenden grauen Zone. Es ist gehärtetes Eisen mit den üblichen Metallzusätzen. Für den Walzenmantel wird eine Gußeisenschmelze mit niedrigem Siliciumgehalt ver-

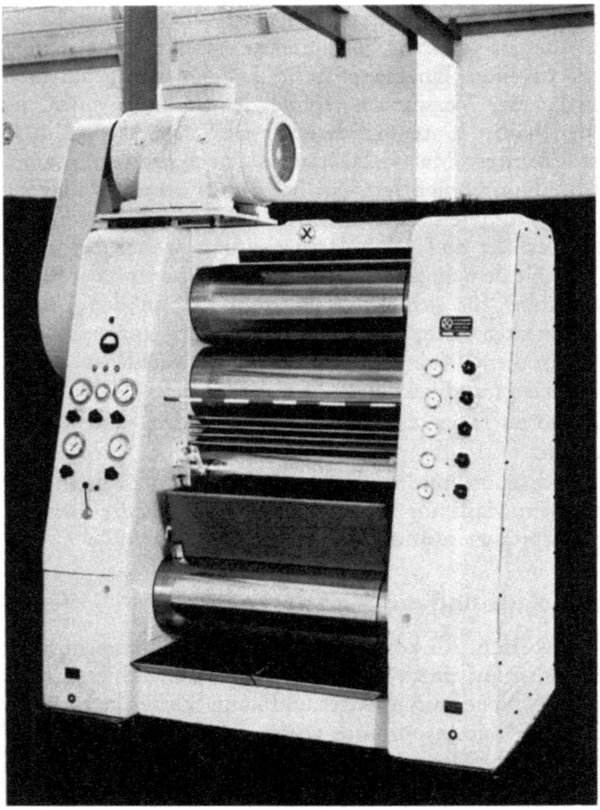

Fig. 30. Fünfwalzwerk

gossen, als Material für die Walzen eine Schmelze mit solchen Zusätzen (Silicium, Nickel) gewählt, die eine Grauerstarrung von Gußeisen mit Kugelgraphit begünstigen. Mit der Ausbildung beider Zonen wird erreicht, daß der Mantelbelag besondere Härte besitzt, und andererseits die Walze zäh genug ist, um hohen Preßdrükken ohne Bruchgefahr standhalten zu können. Jede Walze nützt sich ab und muß von Zeit zu Zeit nachgeschliffen werden. Der ungefähre Wert der Abnützung beträgt für die mittlere Walze $^{6}/_{10}$ mm, für die Anfangs- und Endwalze die Hälfte. Die Walzendurchmesser werden kleiner, nicht aber die Räderabmessungen, dadurch tritt eine Verbiegung der Räder ein. Schnellaufende Walzen nützen sich eher ab als Walzen, die mit mittlerer Geschwindigkeit laufen. Im allgemeinen rechnet man mit einer Lebensdauer von 5 Jahren bei 300 Touren und bei einer Walzenleistung von 300 kg/h. Die Beschaffenheit des Walzgutes ist mitbestimmend für die Lebensdauer.

Die Schokoladenmasse ist uneinheitlich in den einzelnen Partien und in der Partikelgröße. Sie wird auf einem Dreiwalzwerk vorgewalzt, ein zweites Mal im Melangeur behandelt, plastifiziert, schließlich auf einem Fünfwalzwerk feingeschliffen.

Das Dreiwalzwerk besteht aus einer starr gelagerten Mittelwalze, gegen welche die obere und die untere einstellbar sind. Beide haben gegenläufige Drehrichtung zur Mittelwalze (Figur 31) und eine unterschiedliche Drehzahl. Ihre Bewegungsflächen laufen dadurch die gleiche Richtung.

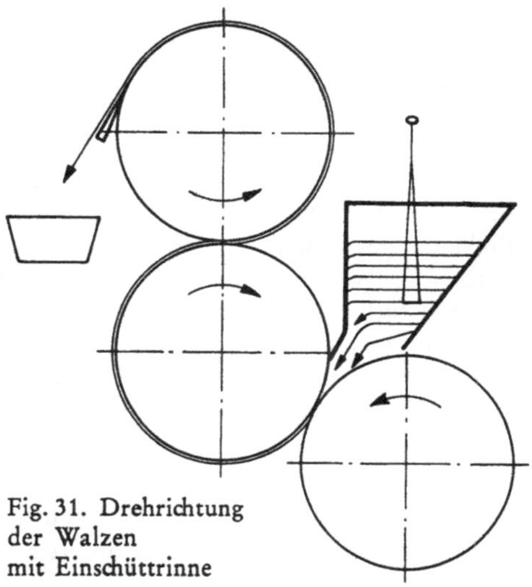

Fig. 31. Drehrichtung der Walzen mit Einschüttrinne

Die gebräuchlichsten Walzwerke, die die Masse auf eine Partikelgröße von 15—20 My schleifen, sind die Fünfwalzwerke. Bei ihnen sind vier Zylinder senkrecht übereinander angeordnet, während der fünfte Zylinder vorgelagert ist. Man nennt solche Anordnung auch Sesselanordnung. Die Zählfolge beginnt mit der unteren vorgelagerten Walze (1), die folgende zweite Walze ist die Festwalze, es folgen die Walzen 3 und 4 und als oberste Walze die Abnahmewalze (5). Den Walzenachsschenkeln sind Zahnräder aufgesetzt, die in Ölkästen umlaufen und schräg verzahnt sind. Entsprechend dem schrägen Zahnverlauf erfolgt der Eingriff der Zähne allmählich und weich bei großem Eingreifwinkel. Es ist ein Erfordernis, daß die nächstfolgenden zwei Zähne sich bereits im Eingriff befinden, bevor zwei zusammenarbeitende Zähne außer Eingriff kommen.

Die Walzen haben einen Durchmesser von 400 mm, die Nutzlänge beträgt in der Regel 1000 mm. Die Arbeitsflächen der Walzen sind an den Enden abgesetzt, um ein Abfließen der Schokoladenmassen zu den Ständern zu vermeiden.

Wichtig für den Walzeffekt ist das Verhältnis von Durchmesser zur Länge einer Walze. Der Wert liegt zwischen 1 : 2 und 1 : 2,5. Ist die Walze zu lang, besteht die Gefahr einer Durchbiegung, ist sie zu dick, besteht die Gefahr einer Abplattung, so daß der Anpreßdruck gesteigert werden muß, um wieder die gleiche Reibfeinheit zu erhalten.

Fernerhin besteht eine Beziehung zwischen Walzendurchmesser und Einzugswinkel einer Walze, der nach Walzengröße unterschiedlich ist. Bei den großen Walzen ist er klein, so daß beim Einzug der Masse ein großer Preßdruck ausgeübt wird. Einer beliebigen Vergrößerung der Walzen ist eine obere Grenze infolge ihrer Verformung gesetzt.

Sämtliche Walzenpaare laufen mit Differentialgeschwindigkeit; die oberen Walzen haben eine höhere Umdrehungsgeschwindigkeit als die unteren, sie laufen mit „Voreilung". Während die obere Walze das Gut einzieht, wirkt die untere langsam laufende Walze hemmend und damit reibend auf das Gut. Das Walzwerk zwingt den Masseteilchen eine Strömungsrichtung auf, anders als im Melangeur, in dem die Teilchen frei beweglich sind und dadurch zu einer Masse mit hoher Packungsdichte geformt werden können. Im Walzwerk werden die Teilchen zerrissen und vermengt, die Schichten aneinander vorbeigeführt. Die Masse wird wegen der unterschiedlichen Walzengeschwindigkeiten gegeneinander gerieben und gleichzeitig vermischt. Denselben Vorgang haben wir in besserer Schau bei der Vermengung der Seifenbestandteile im Mehrfachwalzwerk. Man nennt es nicht zu Unrecht „Piliermaschine". Es werden die verschieden gefärbten Seifenbestandteile vermengt und auf Walzwerken zu einer gleichmäßigen Masse vermischt, erkennbar daran, daß nach erstem Durchgang noch die verschiedenfarbigen Bestandteile zu sehen sind, nach mehrmaligem Durchgang aber die Einfarbigkeit der Masse deutlich und damit das gründliche Vermischen der Bestandteile sichtbar wird.

Das Gut kommt in den Einschüttkasten, eine über die ganze Walze reichende Schüttrinne, die dem unteren Walzenpaar vorgesetzt und zwecks besserer Reinigung der Maschine ausschwenkbar konstruiert ist. Die Kastenseitenwände liegen direkt auf, um einen seitlichen Masseabfluß auszuschließen, während die unteren Kanten der Längswände von den Walzenflächen durch die Reibspaltbreite getrennt sind. Das Walzgut steht mit den rotierenden Walzen in Berührung und wird eingezogen. Die rotierenden Walzen bringen benachbarte Luftschichten in Bewegung, sie prallen vor dem Spalt gegeneinander und rufen dort einen Anstieg des Luftdrucks hervor, weil die Geschwindigkeitsenergie zum größten Teil in Druckenergie umgesetzt wird.

Um eine Entmischung zu verhüten, ist die Berührungsfläche klein gehalten und der Massebehälter nach Figur 31 mit einer längs der Walze verlaufenden schlitzartigen Austrittsrinne versehen.

Fettreiche Massen unterliegen eher einer Entmischung als trockene.

Nur insoweit das Walzenpaar Masse einzieht, fließt durch den Schlitz, dessen Breite verstellbar ist, Masse nach. Die Auftragsmasse besitzt ungleichmäßige Partien, lose und feste Teilchen, zwischen den festen Teilchen Lufteinschlüsse, die das Haftvermögen der Schokolade auf den Walzen mindern mit der Folge, daß blanke Bandstreifen auf den Walzen umlaufen. Man hat versucht, mit Vibratoren Abhilfe zu schaffen, Schwingungserzeuger an der äußeren Vorderwand des Einschüttkastens angebaut, über Haltearme eine in die Nähe des Walzenspalts reichende Stabreihe eingebaut. Die Stäbe vibrieren mit der Vorderwand. Mancherorts dienen eingebaute Rührstäbe gleichzeitig zur automatischen Regelung der Materialzufuhr. Der Massefilm reißt ab, wenn die Zufuhr ungenügend, oder er wird unterbrochen, wenn die Zufuhr unregelmäßig ist. Im allgemeinen wird die Zufuhr durch Handschieber nachreguliert. Ein automatisches Nachfließen kann durch eingebaute Rührstäbe ausgelöst werden, welche über Kontaktstellen (Federhülsen) einen elektrischen Schalter betätigen. Die Rührstäbe, die an ihren Enden schaufelförmig ausgebildet sind, tauchen in die Masse ein, führen hin- und hergehende Bewegungen aus und finden hierbei einen Widerstand, der nach Füllhöhe verschieden stark ist und über den Druck einer verschiebbar gelagerten Feder einen elektrischen Impuls auslöst, wenn die Füllgrenze unterschritten wird. Vergleiche Figur 31.

Für den Erfolg ausschlaggebend ist die Durchsatzmenge, die mit steigender Zähigkeit des Gutes und mit der Walzenumlaufgeschwindigkeit wächst, welche Formel mit gewisser Annäherung aufgestellt werden kann. Die Spaltweite, d. i. der Abstand der Berührungsflächen zweier Walzen, muß wegen der Zähigkeit der unterschiedlichen Massen und nach den Walzenumlaufgeschwindigkeiten in jedem Einzelfalle eingestellt werden. Mit dem Walzenabstand ist die Auflagenhöhe oder die einzelne Schokoladenschicht, die über das Walzenpaar läuft, einstellbar. Die Schokoladenmasse soll von 150 My, wenn nicht gar von einer größeren, auf eine Kornfeinheit von 20 My gebracht werden. Dies kann nur stufenweise geschehen. Die Reibspalten werden so eingestellt, daß sie in ihren Abstufungen den Umfangsgeschwindigkeiten der den Reibspalten nachfolgenden Walzen umgekehrt proportional sind, wobei einschränkend hinzugefügt werden muß, daß nur ein ungefähres proportionales Umkehrverhältnis zwischen Umlaufgeschwindigkeit und Auflagenschicht besteht.

Umdrehungszahl-Antriebsleistung

Man beginnt bei den Fünfwalzwerken mit einer Umdrehungszahl von 30 U/min und steigert sie auf etwa 300 U/min unter Einschaltung eines annähernd proportionalen Wertes bei den Zwischenwalzen,

2. Walze 90 U/min,
3. Walze 150 U/min,
4. Walze 210 U/min.

Es sind Höchstwerte für die Einzugs- wie Endgeschwindigkeiten. Die folgende Tabelle führt die Drehzahlen, Umlaufgeschwindigkeiten der einzelnen Walzen mit ihren Übersetzungsverhältnissen an, wie sie G. Ruisinger für ein im Fabrikationsprozeß verwendetes Fünfwalzwerk ermittelt hat*:

* G. Ruisinger: Die Feinzerkleinerung von Schokoladenmassen im Walzenspalt, Dissertation, T. H. München, 1960.

Walze	Drehzahl U/min	Umfangsgeschwindigkeit m/s	Übersetzungsverhältnis
1	29	0,608	1 : 2,03
2	59	1,235	1 : 1,84
3	108	2,265	1 : 1,47
4	158	3,305	1 : 1,35
5	212	4,444	

Als Übersetzungsverhältnis gilt die Relation der Drehzahlen zweier Walzen. Die Umlaufgeschwindigkeit der Walzenfläche ist etwa 6 Meter in der Sekunde, wenn die Oberwalze mit 300 Umdrehungen in der Minute läuft.

Die Geschwindigkeit kann nicht beliebig gesteigert werden, sie findet eine Grenze in dem Verschleiß der Hartgußwalzen und in der Leistungsfähigkeit des Motors. Im gewöhnlichen Falle ist ein Fünfwalzwerk mit einem 40-kW-Motor ausgerüstet. Der Hauptantrieb wird auf eine schnellaufende Walze gelegt, weil die Walzen die Nutzleistungen weitergeben, das Rädergetriebe nur einen kleinen Teil der durch die Walzwerke verbrauchten Nutzleistungen überträgt. Dies geht aus dem folgenden Beispiel hervor, in welchem eine Schokolade aus gleichen Anteilen Kakaomasse und Zucker einer Maschine mit einer Stundenleistung von 260 kg aufgetragen wurde: der Gesamtkraftbedarf der Maschine belief sich auf 27 PS, die Oberwalze allein hatte einen Kraftbedarf von 15,2 PS.

Der Kraftbedarf hängt zudem von der Massebeschaffenheit ab, der prozentuale Kraftbedarf der Oberwalze steigt geringfügig mit dem Anteil des Zuckers an.

Das Ziel ist, ohne jede Stauung auf den Flächen der hintereinander geschalteten Walzen die in der Zeiteinheit aufgegebene Masse in einem geschlossenen, ununterbrochenen Film unter stufenweiser Veränderung des Feinheitsgrades durch das Walzwerk laufen zu lassen. Man kommt diesem Ziele nahe, wenn die Drehzahlen der Walzenpaare keine großen Unterschiede aufweisen. Bei einer hohen Differentialgeschwindigkeit muß sich die Schichtdicke im Spalt entsprechend ändern. Wenn die zweite Walze zweimal schneller läuft als die erste Walze, so wird nach der Kontinuitätsgleichung die Schichtdicke zweimal dünner sein. Es kommt bei der Übertragung des Massefilms zu einer Pressung und zu einer Stauung, und damit auch zu einer Steigerung des Drehmoments der Walze. Das Gut ändert seine Formfestigkeit bei dem Durchgang durch den Walzenspalt. Das ist eine sehr kurze Zeit, die die Experten

mit $^{2}/_{1000}$ Sek. für den ersten Spalt,
mit $^{1}/_{1000}$ Sek. für den zweiten Spalt und
mit $^{3}/_{1000}$ Sek. für den letzten Spalt angeben.

Es herrschen in den Mahlspalten sehr große Differentialgeschwindigkeiten und hohe Drücke, die bis zu 500 atü ansteigen.

Zucker zerspringt unter Druck. Die Kakaoteilchen werden zerrissen, zermahlen, zerdrückt; sie können, da sie elastisch sind, zu einem gewissen Grade auch plattgedrückt werden, so daß Partikelchen von 30 My noch Spaltweiten von 15 My passieren.

Die Schichten dringen aufeinander und ineinander ein und zerreiben sich hierbei. Der Massefilm löst sich nach dem Passieren des Spalts von der langsamen Walze und läuft auf der schnelleren Walze weiter. Als Erklärung hierfür werden die obwaltenden Druckverhältnisse angeführt. Die Walzenpaare haben eine recht schmale, nach Zehntelmillimetern messende Berührungsfläche, an welcher die Zerkleinerungs- und Dispergierarbeit geleistet wird.

Die Wirkungsweise ist durch die rheologischen Eigenschaften der Masse, durch ihr unterschiedliches Fließverhalten bedingt, das wegen der Anteile der Komponenten, der Verschiedenartigkeit der Kornverteilung und der Pakkungsdichte auf keinen einheitlichen Nenner zu bringen ist. Je dünnflüssiger das Gut ist, um so eher weicht es dem Druckanstieg im Spalt aus. Wenn die Masse fest ist, wird mehr Masse eingezogen, und der Hauptkraftbedarf steigt an.

Anpreßdruck

Die Walzen, deren Mantelflächen eine Rauhtiefe von etwa 1 My haben, müssen einen bestimmten Anpreßdruck ausüben, wenn die Spaltweite nicht schwanken soll. Häufige Fehlerquelle ist die Einstellung eines zu niedrigen Druckes.

In früherer Zeit war über Parallelschaltungen die Walzeneinstellung regulierbar, es drehten sich gleichzeitig beide Seiten; an den jetzigen Walzen ist an jeder Seitenachse ein Stellwerkzeug, so daß der jeweilige Seitenpreßdruck verändert werden kann. Eine Schiefstellung der Walzen führt zu einer stärkeren Erwärmung des Engspaltteilstückes. Der Praktiker leuchtet mit einer Stablampe die Mitte der Walze an und stellt für das erste den Druck des Massefilms mit dem Auge fest.

Der Anpreßdruck wird mittels Spindeln von Hand oder durch hydraulische Einrichtungen geregelt. Das Hydrauliksystem arbeitet mit einer Druckflüssigkeit, in der Regel mit einem Preßöl. Dies geschieht derart, daß durch Drehen der Handspindel auf das Preßöl im Kolben ein Druck ausgeübt wird, welcher auf den Arbeitskolben sich überträgt. Im Gegensatz zu diesem manuell-hydraulischen System arbeitet das elektrisch-hydraulische mit einer elektrischen Pumpe, die das Öl in die Steueraggregate, die durch Ventile einstellbar sind, fördert (Figur 32). Durch einen Drehknopf erfolgt die Einstellung auf den gewünschten Druck. Für die Erzielung hoher und höchster Arbeitsdrücke ist nur ein elektrisch-hydraulisches System anwendbar. In

Figur 32 ist eine hydraulische Anpreßvorrichtung verdeutlicht. An den beiden Enden der Walze muß ein gleichmäßiger Anpreßdruck angreifen, um eine gleichbleibende Spaltweite zu erreichen. Zwei Preßzylinder wirken auf die Walzenlagerstellen ein, die von einem gemeinsamen Regelventil gesteuert, von einer Pumpe gespeist werden. Der Flüssigkeitsdruck wirkt über die Druckventile 7 und 8 auf die Preßzylinder 3 und 4. Die Druckleitungen stehen durch Abzweigleitungen miteinander in Verbindung, um über ein Rückschlagventil eine Druckdifferenz auszugleichen, welche durch eine ungleichmäßige Belastung eines Walzenteiles wegen des unterschiedlichen Walzengutes entstehen kann. Bei einer momentanen ungleichmäßigen Belastung wird über die Abzweigleitung 15 ein Druckausgleich herbeigeführt und dadurch ein gleichmäßiger Druckbereich im ganzen Walzenspalt erreicht.

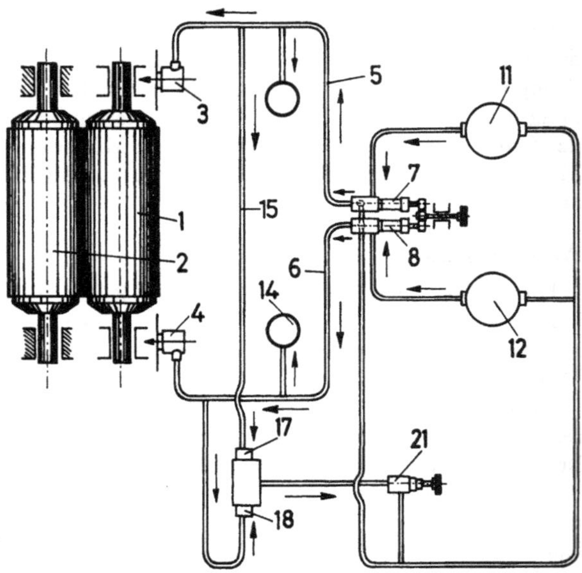

Fig. 32. Hydraulik der Walzenanpressung
1, 2 Walzen
3, 4 Preßzylinder
5, 6 Druckleitungen
7, 8 Druckventile
11, 12 Pumpstellen
14 Manometer
15 Abzweigleitung
17, 18 Rückschlagventile

Bei einem vollhydraulischen Mehrwalzwerk erstreckt sich die Hydraulik auf alle Arbeitselemente. Durch einen einzigen Einstellungsakt werden die Einzelwalzen zueinander eingestellt, durch ein Ventil alle Walzen in ihrer Einstellung zueinander verändert, wobei die stufenweise Proportionalität der Abstände gewahrt bleibt.

Das Hydrauliksystem erstreckt sich auch auf das Abstreichmesser, das schräg von unten nach oben gerichtet ist und an die obere Walze angedrückt wird, um den Massefilm abzunehmen. Die Messerkante soll gleichmäßig der ganzen Walzenlänge anliegen und den gewählten Abstand auch behalten. Das Messer muß von Zeit zu Zeit nachgeschoben, der Messerbalken an die Walze herangedrückt werden, um die Walzleistung zu erhalten. Infolge der Messerabnutzung ändert sich der Abnahmewinkel, und es bleibt bei Überschreitung eines gewissen Wertes nichts anderes übrig, als die Messerklinge auszuspannen und zu erneuern. Eine neue Vorrichtung sieht das Verstellen der Haltevorrichtung und ein Verschwenken des Messerhalters um 180 Grad vor, so daß die Messerklinge auf beiden Seiten benützbar, Ersatz erst nach völligem Verschleiß notwendig ist. Die Messerkante muß stumpf sein, und, wenn sie sich scharf geschliffen hat, umgedreht oder mit einer Feile abgezogen werden.

Der Anstelldruck des Messers ist unterschiedlich und hängt davon ab, ob eine fettreiche oder eine fettarme Masse abgenommen werden soll; die Schwierigkeiten sind bei fettarmen Massen, die sich leicht von der Walze abheben lassen, gemindert. Der Walzendruck kann an Manometern abgelesen werden. Verbleibt Schokoladenmasse auf der Endwalze, der Abnahmewalze, so gelangt sie wieder in den Reibspalt und verursacht Drucksteigerungen und damit eine Erwärmung des betreffenden Walzenteiles. Es läuft auf eine Minderung der Abnahmeleistung hinaus, wenn an der Unterkante sich Masseteilchen ansetzen. Ist die Abschrägung des Messerbalkens zu lang und der Anlagewinkel zu flach, so kann es vorkommen, daß sich Masse unter dem Messer durchdrückt und an der Unterkante haften bleibt.

Die Walzen müssen, um sie vor Überhitzung zu bewahren, einen steten Massefilm haben, sie dürfen nicht blank laufen, keine blanken Stellen aufweisen. Der Massefilm muß ein geschlossenes Walzenbild abgeben.

Der hauchdünne Film erwärmt sich und gibt einen Teil der Feuchtigkeit ab. Massen, deren Gesamtfettgehalt niedriger als 24 % ist, sollen nicht auf schnellaufenden Walzen verarbeitet werden, um die Walzenabnutzung gering zu halten. Bei trockenen, steifen Massen treten Wärmeunterschiede auf, bilden sich auf den Walzen heiße und kalte Zonen aus, die den Walzkörper verzerren. Fettreiche Massen werden nochmals gewalzt, im ersten Walzgang ohne den erhöhten Kakaobutterzusatz. Nach dem ersten Walzen wird die pulverförmige Masse in Weichmachermaschinen zu einer teigartigen Masse verknetet, in diesem Stadium mit der rezepturmäßigen Kakaobutterzugabe verrieben, dann erneut aufgetragen. Ein hoher Kakaobutterzusatz mindert den Reibvorgang. Bei weichen Massen mit hohen Fettgehalten (32 %) besteht die Gefahr, daß sie über die Walzen gleiten, von ihnen nicht erfaßt werden, an den Walzenenden austreten. Eine fettreiche Masse hat keine genügende Haftfestigkeit und wird weggeschleudert. Mit dem Anspruch einer Allgemeingültigkeit kann behauptet werden, daß Massen mit Fettgehalten von 26 bis 29 % auf den Walzen gut bearbeitet werden können.

Die Walzen müssen pfleglich behandelt werden. Dies gilt zunächst in Hinsicht darauf, daß keine Fremdkörper im Walzgut sich befinden und mit dem Walzgut in den Reibespalt kommen. Ein Mehrfachwalzwerk ist vor dem Einzug größerer Teile durch eine Abschersicherung geschützt. Die Speisewalze trägt an den Lagerenden Scherstifte, die bei Überschreitung des zulässigen

Einzugsspaltpreßdruckes brechen, was die Ausschaltung des Motorstromes zur Folge hat.

Walzenkühlung

Die Walzen erwärmen sich und müssen gekühlt werden. Die Walzenabstände sollen dieselben, die Abstände zu den Rollenlagern unverändert bleiben. Walzen haben einen balligen Schliff aus einem wärmetechnischen Grunde. Wärme wird vom Walzenmantel nach außen zu den Stirnwänden geleitet, sie sind als Stützwände massestark, hier staut sich die Wärme. Die Walzenenden dehnen sich beim Erwärmen stärker aus als die Walzenmitte. Durch die Verjüngung des Walzendurchmessers nach den beiden Enden wird die Ungleichmäßigkeit der Ausdehnung kompensiert; nach einer gewissen Anlaufzeit hat die Walze mit der Erwärmung und der Ausdehnung überall die gleiche Durchmessereinstellung. Bei mittleren Anpreßdrücken kommt ein praktisch paralleler Spalt zustande.

Die Walzen sind als Hohlwalzen konstruiert und haben eine möglichst geringe Wandstärke, um ein Verziehen von Innen- und Außenmantel durch Temperaturunterschiede zu vermeiden. Der Walzenmantel muß andererseits den beim Reibevorgang auftretenden äußeren Drücken widerstehen und hierfür ausreichend dimensioniert sein.

Das Kühlwasser fließt durch einen hohlen Walzenzapfen und vollführt einen Rundlauf in dem Walzeninnern, tritt durch Auslaufventile auf derselben Stirnseite der Walze aus. Das senkrechte Hauptrohr ist mit kupfernen Verteilerröhrchen ausgestattet; durch entsprechendes Aufdrehen des Wasserdurchflußhahnes wird mit der durchlaufenden Wassermenge die Temperatur des Kühlwassers geregelt.

Für die Verteilung des Kühlwassers in den Walzen sind sinnreiche Vorrichtungen konstruiert worden, die es ermöglichen, das Wasser durch Düsen gegen die Mantelwand zu spritzen. Innerhalb der Walze, in unmittelbarem Bereich der Achse laufen ihr parallel ein Zulauf- und ein Ablaufrohr, über die ganze Länge verteilt sind Einspritzdüsen für das kalte Wasser, Ausflußöffnungen für das warme Wasser. Bei anderen Konstruktionen ist der Walzenmantel, auch zur Stützung der Festigkeit, durch schraubenförmige Rippen ausgekleidet. Damit wird erreicht, daß das Kühlmittel bei der Walzenumdrehung in stetem Umlauf gehalten wird.

Die Walzen dürfen nicht heiß laufen, weil der Schokoladenfilm an heißen Stellen keine genügende Haftfestigkeit hat, nicht mitgenommen, vielmehr zerstört wird, außerdem die Spaltweite mit der Temperaturerhöhung sich ändert. Die Erwärmung des Kühlwassers soll möglichst unter der Ein-Grad-Grenze bleiben.

Eine Walze verwandelt etwa 85 % der Kraft, mit der sie angetrieben wird, in Wärme, und diese Wärme muß abgeleitet werden, eine Walze daher eine gute Wärmeleitfähigkeit haben.

Mit der Konsistenz der Masse wechseln die Temperaturen der Walzen. Die Kühlwassertemperatur liegt in der Regel zwischen 27 und 35° C. Der vorgelagerte Zylinder, die Einzugswalze, sowie der oberste Zylinder, die Abnahmewalze, haben eine niedrige Temperatur, die Mittelwalzen eine hohe.

Nach einer Anlaufzeit von 45 Minuten soll das Kühlwasser folgende Temperaturwerte aufweisen:

bei Walze 1		25° C
bei Walze 2	etwa	35° C
bei Walze 3	etwa	35—40° C
bei Walze 4	etwa	35° C
bei Walze 5		25° C.

Es sind ungefähre, keine feststehenden Temperaturskalen. Grundsätzlich laufen dünnflüssige Massen mit niedrigerer Temperatur, zähflüssige Massen mit höherer Temperatur über die Walzen. Mit fallender Konsistenz, bei Massen mit steigendem Fettgehalt, nimmt die Durchsatzmenge ab. Der Kühleffekt hängt vom Fettgehalt der Schokolade und, vor allem, von der Pakkungsdichte ab.

Kühlwasser ist Wasser aus dem Wasserrohrnetz. Auch das folgende Verfahren ist üblich: es wird ein Gemisch von kaltem und warmem Wasser zugeführt, um eine gleichmäßige Temperaturverteilung über die ganze Oberfläche der Walze zu erreichen. Pro Walze müssen mit dem Kühlwasser bis zu 14 000 kcal/Std. abgeleitet werden.

Die Kühlfläche bei einem normalen Fünfwalzwerk mit 1000 mm Länge und 400 mm Durchmesser beträgt 6,25 m².

Kesselstein, der sich bildet, wenn Leitungswasser benützt wird, stellt eine Gefahr für die Walzen dar.

Der Kühleffekt ist gering, wenn eine isolierende Schicht von Kesselstein an den Wandungen sich absetzt. Die engen Kanäle der Zuflußrohre verstopfen sich und gestalten die Kühlung ungleichmäßig. Außerdem wird durch voluminöse Absonderungen die Gefahr einer Beschädigung oder eines Walzenbruchs hervorgerufen. Durch Ausdünsten mit verdünnter Salzsäure wird der Innenbelag der Walzen wieder gelöst oder aber durch Einbringen feinster Eisenteilchen von der Innenwand abgescheuert.

Der Kühlung wird größtmögliche Sorgfalt zugewendet, um Überhitzungen der Schokoladenmassen sowie das Auskristallisieren von Zucker an den Walzenenden und die Bildung von Brandflecken zu vermeiden.

Es gibt auch ein Kaltschleifen auf Walzwerken, auf Granitwalzwerken. Milchschokoladenmassen erfahren solche Behandlung wegen der Schwierigkeit, Milchpulvereiweiß in der lockeren Masse feinst aufteilen zu können. Die Massen werden im Melangeur zusammengestellt, vorgewalzt, belüftet, für 48 Stunden im Wärmeraum abgestellt, nomals im Melangeur nach Zugabe der restlichen Kakaobutter behandelt, in Mulden abgefüllt und zum Erstarren gebracht. Diese Masse ist reif zum Kaltschleifen, bei welchem Vorgang die Walze in feinster Schicht die Schokolade vom Block abschürft.

Dasselbe kann aus demselben Grunde auf einem granitenen Dreiwalzwerk mit der zu Blöcken geformten Kakaomasse geschehen.

Zur Schokoladenherstellung wird Kakaobutter benötigt. Sie wird durch Abpressen der Kakaokernmasse gewonnen, die häufig, wenn auch nicht immer, hierfür präpariert wird.

Kakaopräparation

In früherer Zeit war in Mexiko, wie aus einer älteren Schrift von Osasunasco hervorgeht, das Behandeln des Kakaos mit Alkalien bei solchen Personen in Anwendung, die gegenüber natürlichem Kakao allergisch waren. Der Kakao wird durch das Alkalisieren mild, Säuren werden durch Alkalien neutralisiert. Auch das bloße Waschen mit kaltem Wasser nimmt der Kakaobohne den sauren Geschmack. Es muß kaltes Wasser sein, das die mineralischen Alkalien noch in gelöster Form enthält. Das Alkalisierungsverfahren bringt Vorteile für das Abpressen der Kakaobutter. Die festen Teilchen erlangen eine größere Mürbigkeit, die Zellwandstoffe ein höheres Austrittsvermögen für die Kakaobutter.

Gebräuchliche Zusätze sind Karbonate der Alkalien, Ammoniak und Magnesiumoxyd. Zulässig ist auch das Aufschließen des Kakaos mit gespanntem Dampf, mit dem Vorteil, daß der Aschegehalt niedrig bleibt.

Man unterscheidet das Präparieren der rohen Kakaobohnen, des gebrochenen Kerngutes und der flüssigen Kakaomasse. Von Vorteil ist eine Vorzerkleinerung. Je kleinkörniger die Masse, desto besser ist der Alkalisierungseffekt. Das vorzerkleinerte Kerngut wird mit den Alkalien, die vor dem Zugeben aufgelöst werden, in Knetern, in offenen oder zylindrischen Behältern, in heizbaren und kippbaren Maschinen vermengt, für einige Stunden hierin belassen, dann entfeuchtet. Es genügen 15 Liter Wasser für 100 kg Kakaogut. Wichtig ist, daß das Kerngut bewegt wird, und das Einweichwasser eine ungefähre Temperatur von 80° C hat.

Die alkalischen Zusätze sind in der Höhe bemessen, durch Rechtsnormen Höchstwerte des Aschegehaltes festgesetzt, um ein Umschlagen des pH-Wertes vom sauren in das alkalische Gebiet zur vermeiden. Beim Alkalisieren lagern sich Alkalien an Eiweiß an. Alkalisierte Pulver ergeben wegen des Verbleibens der Alkalien in der Masse bei dem Zusammentreffen mit pflanzlichen Fetten eine Verseifung mit der Folge einer geschmacklichen Verschlechterung. Ein laugiger Geschmack kann sich auch bei der abgepreßten Kakaobutter zeigen.

Wird von einer Präparation abgesehen, wird ein höherer Röstgrad eingestellt (bis 145° C). Es ist eine Eigenart holländischer Verfahrensweisen, die Bohnen zweimal zu rösten und hierbei niedrige Temperaturen einzustellen.

Sie werden ein erstes Mal geröstet, gekühlt und gebrochen, um sie von den Schalen zu befreien, nach vorheriger Wasserpräparation ein zweites Mal geröstet und solange in der Rösttrommel belassen, bis Butter aus dem Kerngut auszutreten beginnt.

Abpressen der Kakaobutter — Die Kakaopressen

Die präparierte Masse muß gründlich entfeuchtet werden, um den Abpreßvorgang zu erleichtern und die Ausbeute zu erhöhen. Dies geschieht unter Minderdruck (1/2 at) bei Temperaturen von etwa 70° C in großen Behältern. Die Masse wird gewalzt, in heizbaren Behältern auf eine Temperatur von 70—80° C gebracht und dann in die Preßtöpfe, die ebenfalls angeheizt sind, gepumpt.

Es sind hydraulische Druckpressen, ihrer Bauart nach Horizontal- wie Vertikalpressen. Figuren 33 und34.

Das Gestell einer Vertikalpresse besteht aus vier schweren eisernen Säulen, die die Preßtöpfe tragen. Gewöhnlich sind es zwölf Preßtöpfe, welche auf Führungsschienen herausgezogen werden können, und zwar wechselweise jeweils sechs, so daß die Massen gleichzeitig gepreßt und entnommen werden können. Zu jedem Topf führt eine Abzweigung der teleskopartigen Füllleitung, die durch eine Füllpumpe mit flüssiger Kakaomasse gespeist wird.

Die Preßtöpfe sind flache Schalen mit eingesetzten engmaschigen Metallfiltern. Man unterscheidet Ober- und Unterfilter aus feinem Drahtgewebe mit enger Maschenweite. Zum Schutze vor Beschädigungen hat dieses Engsieb, bei den Mehrkammerfilterpressen in der Regel, ein Kreuzdrahtmaschensieb, das flach kalandert ist, als Auflage.

Die Preßtöpfe haben einen mit Ablaufrillen versehenen Deckel. Der Abpreßdruck beträgt 400—600 atü. Mit steigendem Druck erhöht sich die abgepreßte Kakaobuttermenge. Man beginnt mit einem geringen Druck und steigert ihn allmählich auf den zulässigen Höchstdruck.

Horizontalpressen verdrängen in steigendem Maße die Vertikalpressen. Man ist geneigt, den Unterschied beider Pressen allein in der horizontalen und vertikalen Bauweise zu sehen. Nicht das

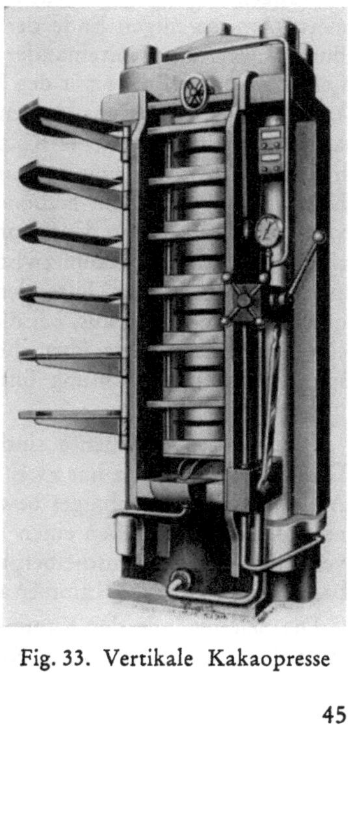

Fig. 33. Vertikale Kakaopresse

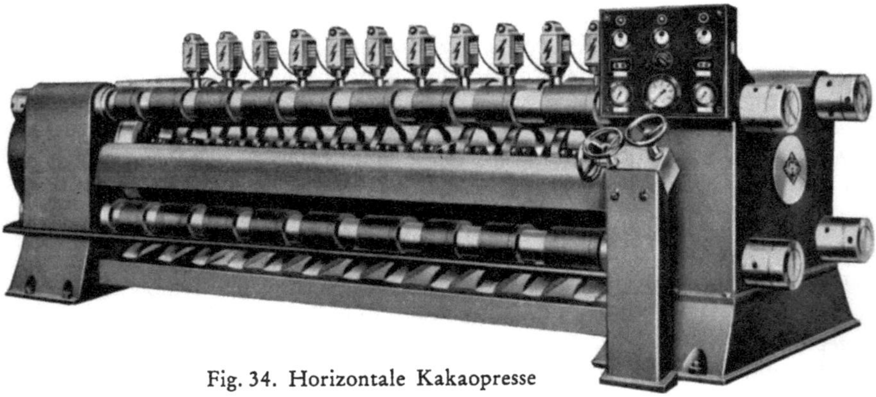

Fig. 34. Horizontale Kakaopresse

Äußere einer Maschine, vielmehr die durch das Bauprinzip bedingte Nutzleistung bestimmt ihren Wert.

Die Horizontal-Kakaopresse ist eine Mehrkammer-Filterpresse. Zwischen zwei Lagerblöcken befinden sich reihenweise und parallel zueinander Rahmen mit Filterscheiben, die von Tragevorrichtungen gehalten und von Zugvorrichtungen verschoben werden. Sie bilden die Seitenwände der Druckkammern. Am jeweiligen Ende der Presse sind Stößelkopf und Druckkopf, die durch Querträger miteinander verbunden sind. Die Figur 35 zeigt den Querschnitt der Presse mit den Kammern nebst Umlaufringen. Jeder Druckkammer, mit Ausnahme der endständigen, liegt eine Ringscheibe (Kolbenscheibe) an, die durch eine Kolbenstange in der Horizontalen beweglich ist; hierdurch wird ein unmittelbarer Druck auf die Kammer ausgeübt. Jede Kammer ist von einem Kammerring umschlossen, der in der Horizontalen verschiebbar ist und so die Kammer öffnen und schließen kann. Der Kammerring überbrückt den Raum zwischen zwei benachbarten Filterrahmen mit den zusammenarbeitenden Filterelementen. Der Umfangring führt kurze Hin- und Herbewegungen aus, bei diesem Bewegungsspielraum schiebt er sich wie eine Außenmanschette über die Druckkammer und schließt sie; eine entsprechende Zugvorrichtung öffnet die Druckkammer nach beendetem Abpressen.

Die Filtertrageelemente sind verschiebbar und verändern dadurch den Druck. Jede Kammer hat zwei Filterelemente, die sich gegeneinander in der Art eines Akkordionbalges bewegen. Sie nähern sich einander und verkleinern die Kammer, üben einen Preßdruck auf die Masse aus. Kolbenstangen verbinden die Kolbenscheiben aller Druckkammern, wodurch ein unmittelbarer Druck auf jede Kammer ausgeübt wird.

Die Seitenwände der Kammern sind mit Filterscheiben ausgekleidet, mit Ausnahme der endständigen Kammern, die nur auf der Preßinnenseite eine

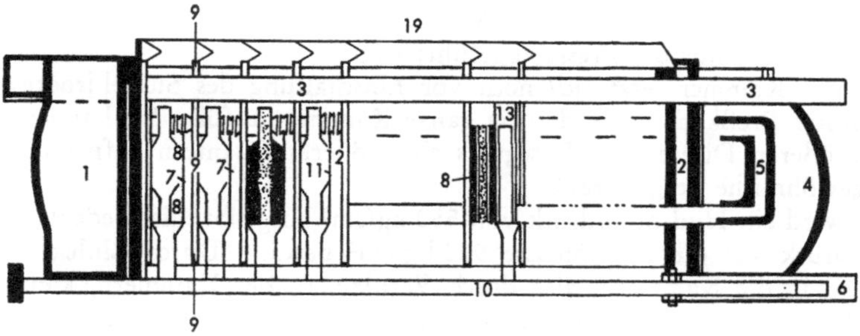

Fig. 35. Querschnitt der Horizontal-Presse

solche Filterscheibe haben, nach außen aber dicht abschließen. Die Filtersiebe liegen auf durchbrochenen Plattenscheiben, welche kreisringförmige, Kanäle bildende Radialnuten aufweisen und von einem Außenring eingefaßt sind, um Sieb und Scheibe gut abzudichten (Figur 36).

Der Stößelkopf drückt vermöge der Verbindungen alle Kolben, Ringe, Filterplatten gegen die durch den Druckkopf getragenen feststehenden Bauelemente, er bringt dadurch die Filterplatten einander näher und verkleinert die Druckkammer.

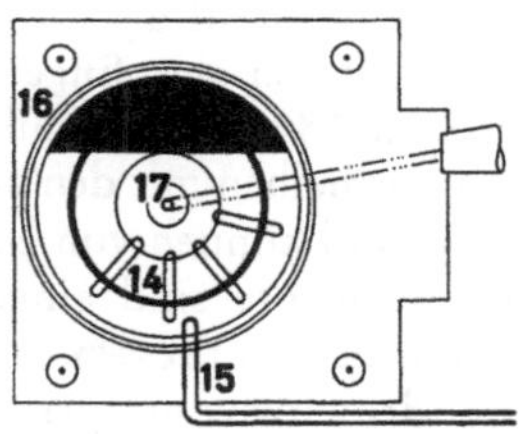

Fig. 36. Filtersieb der Horizontal-Kakaopresse

1 Druckkopf
2 Stößelkopf
3 Querstreben
4 Stößelkopf
5 Stößel
6 hydraul. Zylinder
7 Kolben
8 Filterscheiben
9 Filtertragplatten
10 Kolbenstange
11 Kammern
13 Kammerringumfang
14 Nuten
15 Abflußrohr
16 Sicherungsring
17 Einlaßdüse
19 Dampfsammelrohr

Die Kolbenringe rücken nach beendeter Pressung, wenn der Stößeldruck aufgehoben wird, auseinander, vermöge einer Federspannung auch Filterplatten und Filtersiebe, so daß der heiße Preßkuchen abfallen kann. Die Filterelemente werden beim Preßvorgang auf Abstand gehalten, so daß der Preßkuchen glatte Umrißformen hat, eine ungleichmäßige Belastung der Filter vermieden wird.

Die flüssige Masse tritt durch Kanalleitungen in die Mitte der Kammer ein. Es wird zur besseren Kraftausnutzung erst eine Niederdruckleitung (30 kg/cm²) eingeschaltet, anschließend eine Hochdruckleitung (70 kg/cm²), so daß die Kakaomasse schon tropfend in die Kammer einströmt und durch den Pumpendruck Kakaobutter abgibt, welche durch die Siebe abfließt. Durch das Druckfüllverfahren können Massen in pastenförmigem wie in halbflüssigem Zustande der Presse zugeführt werden.

In der Kammer setzt sich noch vor Einschaltung des Stößeldruckes ein halbfester Preßkuchen ab, der die ganze Kammer ausfüllt. Sie kann wegen der größeren Dichte des Massegutes ein größeres Quantum aufnehmen als die gewöhnliche Etagenpresse.

Es wird ein Hydraulikdruck von 550 kg/cm² ausgeübt, dies bedeutet, daß der Druck auf die Kakaomasse 920 kg/cm² beträgt. Durch Einlegen von Platten in die Kammern, also durch Verkleinern der Kammern, kann der Druck gesteigert werden, ohne daß das Drucksystem geändert wird.

Die Massezufuhrleitung wird während des Pressens automatisch geschlossen. Sie hat an der Kammereintrittsstelle eine konische Düse, in die Feststoffe aus der Kammermasse gedrückt werden, die einen natürlichen Pfropfen aus Preßkuchen bilden und als Drosselventil wirken.

Der Pfropfen hat bei der Enge des Durchleitungsrohres einen geringen Durchmesser (etwa 18 mm), so daß er beim Abfallen des Preßkuchens abbricht. Die Plattenscheiben mit den aufgesetzten Filterscheiben haben Dampfdurchtrittskanäle und können von beiden Seiten beheizt werden.

Überwachungselemente sind eingebaut, Druck-, Zeit-, Temperatur- und Schreibgeräte, die das Abpressen zu einem automatischen Vorgang machen. Es entfallen bei der Horizontalpresse die besonderen Entleerungsvorrichtungen, die bei der Vertikal-Etagenpresse das Abpressen zeitraubend machen.

Die Butter fließt durch Abzugskanäle in eine Trogrinne längs der Maschine ab.

Das Carver-Bauprinzip, welches der Horizontal-Kakaopresse zugrunde liegt, kann auch bei Vertikalpressen mit Erfolg zur Anwendung kommen. Das Entscheidende und Unterscheidende liegt in der konstruktiven Ausbildung der Töpfe. Bei einer solchen Presse sind zusätzliche Einbauten für die seitliche Entnahme der Preßkuchen notwendig.

Die abfließende Kakaobutter ist rein, nur erste Abläufe sind durch Gewebeteilchen getrübt. Sie wird unfiltriert für die Schokoladenherstellung genommen, da die Kakaogewebeteilchen ohnehin natürliche Bestandteile der Schokoladenmasse darstellen.

Eine Kakaobutter, die für pharmazeutische Zwecke Verwendung finden soll, muß frei von solchen Kakaomasseteilchen sein. Sie wird durch Feinfiltration gereinigt. Die Filteraggregate, die für diese Spezialaufgabe als Trommelschichtenfilter ausgebildet und kleindimensioniert sind, haben ein wärmeisolierendes und heizbares Mantelgehäuse, um ein Festwerden der Butter, ein Einfrieren, zu vermeiden. Die Filterplatten, in die feinstfibrillierte Asbeste zur Porenverfeinerung eingelagert sind, werden durch eine Zentralspindel zusammengepreßt.

Eine Kakaobutter, die für den Handel bestimmt ist, soll feinkörnig und von hellgoldgelbem Aussehen sein. Sie wird während des Erstarrens gerührt, zusätzlich mit temperierter Kakaobutter vermengt und auf diese Weise mit Kleinstkristallen geimpft. Ausgeformt wird die Kakaobutter in Blöcken (2,5 kg und 5 kg).

Kakaobutter-Druckkühler

Zum Abkühlen größerer Mengen eignen sich die Kakaobutter-Druckkühler. Die Kakaobutter wird in flüssigem Zustande durch eine Pumpe Kühlzylindern zugeführt, deren Mäntel wassergekühlt sind. Im Innern dieser Zylinder laufen Walzen um, die mit Kunststoffabstreichern ausgestattet sind, welche die Kakaobutter nach unmittelbarem Erstarren von den Zylinderwandungen abstreichen. Die feinkörnige Kakaobutter wird von der unter Druck stehenden flüssigen Butter fortwährend weitergespült, die, da Impfkristalle hinreichend vorhanden sind, in recht kurzer Zeit sich ebenfalls verfestigt. Der Kakaobutter wird hierbei Temperaturwärme wie Erstarrungswärme entzogen. Sie hat bei Austritt aus dem Kühlaggregat eine cremeartige Konsistenz.

Das Festwerden der Kakaobutter erfolgt in unterkühlten Zonen (etwa 20° C). Auch wenn nicht maschinell, sondern manuell in Behältern und in kleinen Blöcken die Kakaobutter abgeformt wird, empfiehlt es sich, eine Temperatur von etwa 20° C zu wählen, die flüssige Kakaobutter heruntertemperieren, in Behältnisse abzulassen und unter Rüttelbewegungen der Behälter die Butter erstarren zu lassen. Durch die Rüttelbewegungen werden die Wandzwischenräume ausgefüllt. Mit dem Rühren wird erreicht, daß die Butter gleichmäßig erstarrt, und vermieden, daß im ersten Zeitstadium nur die Oberfläche fest wird, unter welcher eine weiche Kernmasse verbleibt, die mit der Zeit grobkörnig erstarrt. Der Druckkühler bringt Zeitvorteile. Die Kakaobutter kann sofort gestapelt und versendet werden.

Die Zustandsform der Kakaobutter ist auch für die Beschaffenheit der Kakaopulver von Bedeutung. Der Preßkuchen ist hart, die Kakaobutter nach dem Ausstoßen des Kuchens aus der Presse noch in flüssigem Zustande. Die Kakaobutter erstarrt in verschiedenen Modifikationen (Seite 84); es ist darauf zu sehen, daß eine stabile Kristallform sich ausbildet, um zu vermeiden, daß mit der Umwandlung der unstabilen Form das Kakaopulver unansehnlich grau wird. Der Abkühlungsprozeß der Preßkuchen verläuft langsam. Sie werden in Arbeits- und Abstellräumen zwecks Abkühlung gestapelt, wo sie gewisse Zeit (1 Tag) unter Einhaltung gewisser Temperaturintervalle verbleiben.

Kakaopulverisierung

Das Zermahlen der Preßkuchen erfolgt in sog. Kuchenbrechern, in denen die Stücke grob zerkleinert, und anschließend in Kakaopulverisieranlagen, in denen die Stückchen feinst zerkleinert und gesichtet werden. Diese Anlagen sind mit ihren hohen Zyklonen und der Mühle großräumige Gebilde. Im Kuchenbrecher laufen vier gezahnte Walzen um. Die beiden oberen haben eine größere, die beiden unteren eine kleinere Verzahnung, die oberen haben eine langsamere, die unteren eine schnellere Umdrehung. Nicht selten ist ein drittes glattflächiges Walzenpaar nachgeschaltet, welches die Teilchen zu einem groben Pulver walzt.

Das Gut gelangt nach der Vorzerkleinerung vom Brecher in die Mühle; ein Luftstrom trägt das Gut in den Windsichter, in welchem die groben von den feinen Teilchen getrennt werden. Die groben Teilchen werden als Überschläge aus dem Abscheidungszyklon in die Mühle zurückgeleitet und machen einen zweiten Zerkleinerungsvorgang durch. Vibrationssiebe, die in die Anlage eingebaut sind, dienen der Auflockerung.

In der neueren Mahltechnik arbeitet man mit Stiftmahlscheiben, Weitkammerstiftmühlen und Turbomühlen. In den Weitkammerstiftmühlen sind die Stiftreihen auseinandergezogen, infolgedessen können die Massepartikelchen weite Strömungswege zurücklegen und hohe Strömungsgeschwindigkeiten erreichen (Seite 24, Figur 19).

Durch die Reibung im Mahlprozeß wird das Pulver erwärmt. Je höher der Fettgehalt liegt, um so mehr steigen die Temperaturgrade durch das Reiben an und als Folge davon, um so vollkommener muß die Masse gekühlt werden. Es bestehen koexistierende Beziehungen für das Temperieren von Schokoladen und Kakaopulvern, die den Zusammenhang von Temperiergrad und Kakaobuttermenge dartun und für das Wohlaussehen der Waren bedeutungsvoll sind. Es kann temperiert werden

(reine) Kakaobutter bei 24° C,
Kakaomasse mit 55 % Kakaobutter bei 27,5° C,
flüssige Schokolade mit 40 % Fettgehalt bei 30,5° C,
dicke Schokolade mit 30 % Fettgehalt bei 33° C.

Ein Kakaopulver, mit geringerem Fettgehalt als die Schokolade, kann, ohne im Aussehen oder Gefüge Einbuße zu erleiden, bei einem höheren Grade als die Schokolade temperiert werden; die Temperatur muß aber einreguliert werden, da durch das Reiben in der Mühle und die latente Wärme hohe Energien freigesetzt werden. Dies geschieht durch Einleiten von Kühlluft in die Mahlzone.

Die Temperatur, die beim Absichten vorherrscht, ist für das Aussehen und die Farbe mitbestimmend. Abkühlen nach dem Mahlvorgang, kühl sichten, das ist die allgemeine Erkenntnis zur Erzielung möglichst dunkler Kakaopulver. Infolge der Reibungswärme tritt die Kakaobutter aus den Gewebezellen, an deren Oberfläche sie bei Abkühlung erstarrt und mit ihrer hellgelben Farbe das Rotbraun des Kakaos überdeckt. Der Kakao verliert seinen eigenartigen Glanz um so mehr, je stärker die Erwärmung beim Mahlen ist, und je länger die Erwärmung nach dem Mahlen andauert. Er verliert außerdem seine lockere Beschaffenheit. Das Gut wird deshalb unmittelbar nach seiner Pulverisierung durch einen Kaltluftstrom abgeschreckt oder auch durch eine Transportschnecke in eine Kühlkammer geleitet. Für das Aussehen des Kakaopulvers ist der Ablauf des Kühlprozesses entscheidend, wobei eine Unterkühlung ebenfalls vermieden werden muß, weil bei solchem Vorgehen die Kakaobutter in der unbeständigen Modifikation erstarrt (Seite 84), das Kakaopulver mit der Zeit grau wird.

Zur Erzielung einer dunklen Farbe sind verschiedene Spezialverfahren mit wechselndem Erfolg entwickelt worden; so wurde beispielsweise das Kakaopulver in einem mit einer Paddelschneckenwelle versehenen Trog für kurze Zeit (20—60 Minuten) einer sauerstoffangereicherten Dampfbehandlung unterworfen, anschließend bei mäßigen Temperaturen im Vakuum getrocknet.

Das alkalisierte Kakaopulver ist von dunklerem Aussehen. Mit zunehmendem pH-Wert findet eine Farbvertiefung statt.

Man unterscheidet einen schwach entölten Kakao mit einem Mindestfettgehalt von 20 % und einen stark entölten Kakao mit einem Mindestfettgehalt, den die neuen Richtlinien auf 8 % festlegen in Abweichung von dem Wert der Kakaoverordnung von 1933, die für ihren Geltungsbereich die 10-%-Mindestgrenze aufgestellt hat. Handelsübliche Werte liegen zwischen 22 und 24 % bzw. 12 und 16 %. Zu einem guten Kakaopulver werden würzige Konsumherkünfte gewählt. Ein hoher Fettgehalt schwächt das Kakaoaroma ab.

Kakaomilchgetränke

Als vollkommen ist ein Pulver zu bezeichnen, das beim Degustieren in der Tasse als Bodensatz nur Schlamm aufweist, der mit der letzten Flüssigkeitsmenge weggespült wird. Ein derartiges Pulver weist keine Teilchen über 40 My auf. Die Schwebefähigkeit der Kakaopartikelchen spielt bei den Milchgetränken eine Rolle (Kakaomilch, Kakaotrunk). Der Kakao soll durch Absetzen keine hellen und dunklen Zonen in der Milch bilden. Ist der Kakaobutteranteil hoch, bleiben die Gewebeteilchen eine längere Zeit in der Schwebe, als bei einem kakaobutterarmen Pulver, daher wird für die Milchgetränke ein schwach entöltes und wegen des besseren Quellungsvermögens ein alkalisiertes Kakaopulver bevorzugt. In einer homogenisierten Milch bleiben die Kakaopartikelchen im Schwebezustand. Die Kakaobutter kann sich mit dem Milchfett infolge dessen größerer Dispergierung inniger verbinden als mit nicht-homogenisierter Milch. Außerdem nimmt die Milch nach einer Homogenisierung die kakaoaromatischen Stoffe leicht auf und gewinnt dadurch an Geschmackswert. Der Kakaopulveranteil der Kakaomilch liegt bei 4 %. Es ist auch Brauch, statt des Kakaopulvers eine fettreiche Schokolade im Anteil von 8 % oder einen Schokoladensirup in adäquater Menge der

Milch unterzurühren. Der Sirup kommt der gewöhnlichen Schokolade in der Zusammensetzung ungefähr gleich, enthält Malzzucker und Stärkesirup und ist zur pastenförmigen Masse eingekocht. Er läßt sich in der Milch gut verteilen und besitzt gutes Schwebevermögen.

Ein Absetzen von Kakaoteilchen kann schließlich durch Stabilisatoren und Verdickungszusätze (Gel-Schleime, Alginate) vermieden werden. Eine Kakaomilch ist eine Vollmilch, in der die genannten Kakaozusätze aufgeschlämmt sind. Der Kakaotrunk ist ein Magermilchgetränk.

Das Conchieren und die Conchen

In der Schokoladenmasse, wie sie nach dem Walzen anfällt, sind die Grundstoffe als nebeneinanderliegende Teilchen noch geschmacklich wahrnehmbar. Eine Strukturänderung erfolgt erst durch das Conchieren, durch das Versalben der Masse. Die Conchensysteme unterscheiden sich durch ihre Umwälz- und Bewegungsorgane.

Die Beschickung der Conchen ist automatisiert. Das Massegut fällt von der Ablaufrutsche des Walzwerks auf ein Stahlband, das das verbindende Glied zu den Conchen ist und als Förderband dient.

Das Conchieren ist ein langandauernder Vorgang, so daß in einer Arbeitsstraße mehr Conchen als Walzen stehen (Relation etwa 1 : 5). Eingebaut in die Arbeitstraße ist eine Bandwaage mit Registrierzählwerk und einer Einstellskala. Die Masse ändert sich während des Walzens im Schüttgewicht, sie wird gewogen, um eine genaue Einstellung auf das Füllgewicht der Conche zu erzielen.

Man unterscheidet Längsreiber und Rundreiber, ihr Unterschied besteht in der Bauart wie Wirkungsweise. Die Schokoladenmassen werden in den Conchen unter gleichzeitiger Belüftung und Entlüftung bewegt. In den Längsreibern werden die Massen durch Walzen, welche im Vorwärts- und Rückwärtsgang gleich weite Abstände vom Scheitelpunkt zurücklegen und durch Pleuel miteinander verbunden sind, in Bewegung gehalten. In Rundconchen werden die Massen in kreisförmige Umläufe gebracht.

Die Längsreiber

Die Längsconchen früherer Zeit bestehen aus mehreren Wannen (Figur 37), in der Regel sind es vier Tröge mit je 150—1000 Liter Fassungsvermögen, die neuzeitlichen Systeme kennen nur einen großen Massetrog. Die Schokoladenmassen werden bei einer Temperatur von 30—35° C in die Tröge eingefüllt, die vor der Beschickung angewärmt und daher mit Rippenheizkörpern, Dampfrohrschlangen, Heißwassereinrichtungen versehen sind. Die fetthaltigen Massen lösen bei dem Hin- und Herbewegen Spritzer aus, daher haben die Längsreiber einen großvolumigen Oberraum und sind mit einer Haube verdeckbar.

Man ging von der früheren Gewohnheit des Hin- und Herreibens der Masse aus und stellte nach diesem Prinzip arbeitende Längsreiber her. Es sind langsam laufende Maschinen. Die Bewegung muß langsam sein, weil anderenfalls die verschiedenen Masseschichten aneinander vorbeigleiten, anstatt eins zu werden. Der Reifeprozeß dauert lange, Längsreiber laufen 72 bis 96 Stunden.

Es kommt bei der Versalbung darauf an, daß ein dünner Kakaobutterfilm alle nichtfettigen Anteile umschließt, so daß im Fertigzustand nur Fettkristalle aneinander stoßen, diese Fettkristalle ein zusammenhängendes netzartiges Gefüge ergeben, welches der Schokolade einen hohen Glanz und eine gute Bruchfestigkeit verleiht.

Die Masse wird intensiv belüftet und im Aroma verbessert. Der atmosphärische Sauerstoff kann nur dann an die Kakaogewebepartikelchen herantreten, wenn sie noch nicht von der Kakaobutter abgeschirmt, versalbt sind. Daher ist gerade zu Beginn des Conchierens die Belüftung wichtig, wenn die Masse noch pulverförmig, nicht pastenförmig ist. Während des Trockenconchierens kann die Masse ausdünsten, können die Abdünste abziehen. Die Schokolade sintert in der Conche bei Senken des Massespiegels zusammen.

Die Masse wird durch die Bewegungshandlungen infolge der Eigenwärme, die hierbei entwickelt wird, pastenförmig. Es erfolgt bei jedem Hin- und Rückgang der Walze ein Überschlag. Die Masse wird an den konkaven Trogwänden hochgetrieben, in Form einer Welle stürzt ein Teil nach der Trogmitte, hierbei eine Menge Luft unter sich begrabend. Die eingepreßte Luft

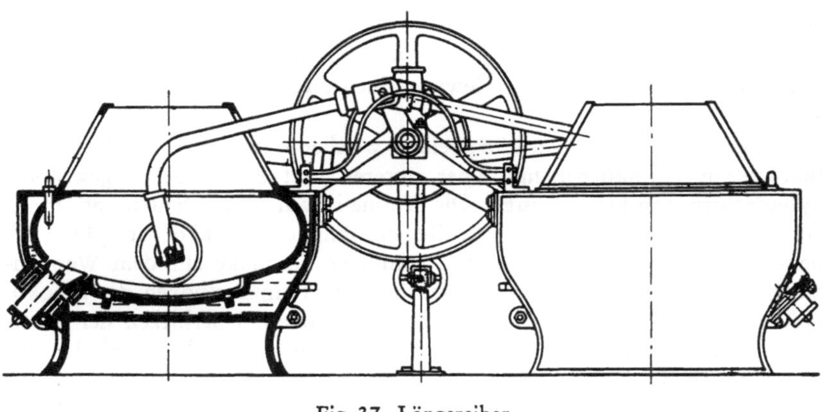

Fig. 37. Längsreiber

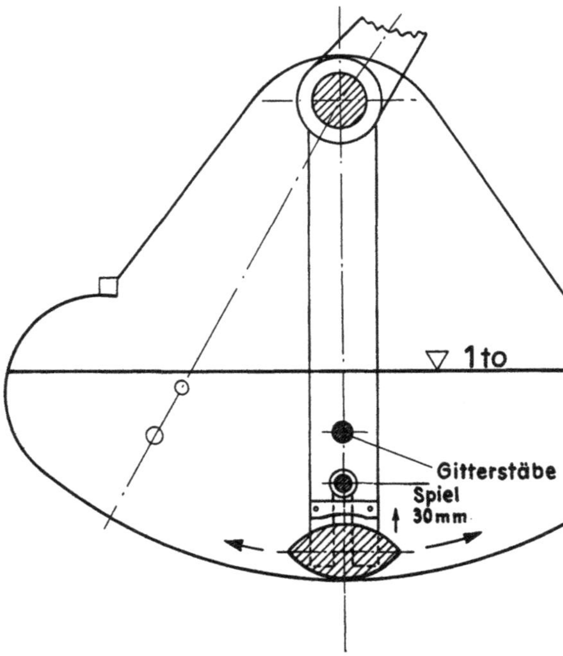

Fig. 38. Lehmann Längsreiber mit Linsenbarren

steigt in kleinen Bläschen an die Oberfläche und durchspült auf diese Weise fortwährend die Schokolade.

Die Masse bleibt im Trog. Eine amerikanische Firma hat die Längsreibetröge hintereinander geschaltet, so daß die Masse bei ihrem Überschlag von einem Trog in den anderen fließt und hierbei belüftet und entlüftet wird.

Die Walzen üben durch ihr Gewicht einen Druck auf die Massen aus und zerreiben sie.

Die Figur 38 zeigt einen Längsreiber, welcher statt der Rollwalzen einen bikonvexen Flachkörper mit einer unteren und einer oberen gewölbten zylinderförmigen Fläche besitzt. Die Wanne ist auf beiden Seiten nach innen eingezogen, der Boden flächig gewölbt, der längliche Flachkörper zylindrisch dem Boden angepaßt; er schleift in ständiger Flachlage auf dem Wannenboden hin und her. Durch die Linsenform wird ein Festboxen der Schokoladenmasse in den Ecken der Tröge und damit ein Überhitzen der Masse verhindert. Bei den hitzeempfindlichen eiweißhaltigen Milchschokoladen insbesondere ist die Gefahr gegeben, daß sie partienweise fast trocken werden und dann übelriechende Geschmacksstoffe entwickeln. Diese Gefahr ist beseitigt, durch die Form der Tröge auch ein schnelles Füllen und Entleeren möglich.

Die Trägerachse des Flachkörpers weist außerdem ein Stabgitter auf; Flachstäbe sind parallel zueinander zu einem Gitter zusammengestellt; sie durchpflügen mit ihrer ganzen Länge den Trog und lockern die Masse auf, sie führen im gleichen Rhythmus die Pendelbewegungen des Flachkörpers aus, wenn die Trägerachse in Bewegung gesetzt wird.

Der Flachkörper ist radial frei verschiebbar, aber nicht verdrehbar gelagert, so daß er ohne Veränderung seiner Flachlage zum Wannenboden mit dem ganzen Gewicht auf die Unterlage drücken, durch die flächige Verschiebung gleichzeitig eine Reibearbeit leisten kann.

Die Tröge sind doppelwandig und beheizbar, haben einen Nutzinhalt von je 1000 kg, es sind deren vier, sie sind zusammengeflanscht und haben eine Grundfläche von insgesamt etwa 9,75 m^2. Die Abdünste werden mit Frischluftventilatoren abgezogen. Der Kraftbedarf ist gering, die Schwenkbewegung kann daher mit hoher Frequenz durchgeführt, die Conchierzeit verkürzt werden.

Manche Conche ist auf eine ständige Frischluftzufuhr und Absaugung der von Abdünsten angereicherten Luft abgestellt. Das hat den Nachteil des Mitreißens der leichflüchtigen wertvollen Aromastoffe, und kann zu dem Ergebnis führen, daß eine tote Schokoladenmasse mit einem faden Geschmack gewonnen wird, in welcher auch solche Aromastoffe fehlen, die für ein abgerundetes Bukett unentbehrlich, nur in der Konzentriertheit übelriechend sind.

Die unfertige Schokoladenmasse, wie sie in die Conche eingefüllt wird, besitzt noch eine Restfeuchtigkeit, etwa 2—3 %, um eine Durchschnittszahl für die gewöhnliche Schokolade zu nennen. In dem Restwasser reichern sich die Säuren an, und diese Säuren werden zu einem gewissen Teil mit dem verdampfenden Wasser mitgerissen, wobei nachgetragen werden kann, daß säurehaltige Dämpfe auch mit der Luft, in der sie sich zu Beginn des Conchierens angereichert haben, fortgeführt werden. Hat eine Schokoladenmasse einen niedrigen Wassergehalt, so ist der Fortgang der Essigsäure äußerst minimal. Essigsäure hat einen hohen Siedepunkt — 118° C —, so daß bei den obwaltenden Conchiertemperaturen deren Verflüchtigung äußerst erschwert ist. Auch andere kakaoeigene Säuren werden beim Conchieren reduziert. Mit der Entfeuchtung geht eine Entsäuerung der Masse parallel. Dies spielt bei allen Kakaosorten, die von Natur stark säurehaltig sind (Thomé, Bahia, Trinidad, Kamerun) eine Rolle. In diesen Fällen werden Höchsttemperaturen (85° C) für kurze Zeit zu Beginn des Conchierens eingestellt. Die normalen Temperaturen liegen bei 65—70° C für die gewöhnliche Schokolade, bei 55—60° C für die Milchschokolade. Die Anfangstemperatur, mit welcher die Masse eingefüllt wird, ist eine niedrigere, sie steigt während der Behandlung auf die angegebenen Werte. Der Temperaturgrad von 70° C hat insofern eine Bedeutung, als bei dieser Temperatur die Milcheiweißstoffe koagulieren. Sie machen die Schokolade grießig. Daher wird die anfängliche Conchiertemperatur der Milchschokoladen niedrig gewählt (40° C). Das Milcharoma bleibt weitgehend erhalten, ein Verlust des Fließvermögens durch Entstehen von Eiweißgerinsel ist nicht zu befürchten.

Die angegebenen Temperatugrade stellen nur eine ungefähre Skala dar, da noch andere Daten für die Temperaturwahl mitbestimmend sind. So hat vor allem die Sorte wie der Röstzustand der Kakaobohne einen Einfluß auf die Höhe. Bei höheren Temperaturen besteht die Gefahr, daß die Masse einen brandigen Geschmack erhält.

Mit der Entfeuchtung einher läuft die bessere Verarbeitbarkeit der Schokoladenmasse: jedes Zehntel Prozent Wasserentzug bedeutet etwa Ein-Prozent Buttergewinn. Feuchte Massen lassen sich, wenn überhaupt, nur mit größeren Butterzusätzen versalben. Eine Versalbung ist dann vollkommen, wenn die Bestandteile unmittelbar aufeinander treffen, mit ihren Oberflächenkräften einwirken können. Die Kakaogewebeteilchen, die durch das Walzen schon eine genügende Feinkörnigkeit erlangt haben, müssen von emulsionshemmenden Begleitstoffen frei sein, wenn ein guter Versalbungseffekt erreicht werden soll. Hemmend ist die Feuchtigkeit, aber auch die Lufthülle um die Kakaogewebepartikelchen. In den Conchen werden die festen Teilchen mittels Pressens und Drückens versalbungsreif gemacht. Hierbei treten Scherkräfte auf, die beim gegenseitigen Reiben der Festteilchen diese Fremdhüllen beseitigen.

Andererseits kann ein guter Versalbungseffekt nur erreicht werden, wenn die Teilchen in der Conche nicht noch weiter zerkleinert werden. Durch die Oberflächenvergrößerung tritt ein zusätzlicher Fettbedarf auf.

Bei einer starken Belüftung, insbesondere in der ersten Phase, entsteht eine Luft-Grenzschicht, die in späterer Phase verdrängt und durch einen Kakaobutterfilm ersetzt werden muß. Hiervon hängt die Einstellung der Luftzufuhr und die Zugabe von Kakaobutter ab.

Beim Conchieren soll das Entweichen der hochwertigen aromatischen Stoffe, die leicht flüchtig sind, verhindert werden, aus welchem Grunde sich höhere Temperaturen bei der Entfeuchtung verbieten. Es gibt Conchen, die mit einer Vakuumhaube überdeckbar sind und bei niedrigen Temperaturen arbeiten, sowie Spezialconchen, bei denen die Schokoladenmasse in dünner Schicht durch einen unter Vakuum stehenden Ausdampfraum mit mehreren Zonen unterschiedlicher Temperatur gefördert wird. Die aromatischen Stoffe werden nach ihrem Flüchtigkeitsgrad bei verschiedenen Temperaturintervallen aufgefangen, kondensiert, getrennt, schlechte Geschmacksstoffe ausgeschieden, gute Aromaträger der Schokolade wieder zugesetzt.

Die Universalconche

Die Walze in dem Längsreiber vollführt Hin- und Herbewegungen, hierbei wird das Walzengewicht ständig beschleunigt und verzögert. Ohne eine

Fig. 39. Universalconche

Umsteuerung arbeiten diejenigen Conchensysteme, die eine ablaufbare Walze innerhalb des trommelartig ausgebauten Troges haben. Die Figur 39 zeigt diesen Conchentyp, die Universalconche, die eine eigentliche Melangeur-Conche ist. Sie besitzt eine große Walze sowie ein Planetenrührwerk. Der Granitläufer (Durchmesser 900 mm) befindet sich in fester Aufhängelage, ist in der Höhe verstellbar und weist gegen Ende des Conchierprozesses den geringsten Abstand zur Bodenfläche auf. Er wirkt pressend auf die Masse, hat gegen Ende des Conchierens eine recht niedrige Umdrehungszahl, wenn die Masse flüssig geworden ist, im Verhältnis zur Anfangsphase, in der die Masse trocken und krümelig ist.

Der Massebehälter ist doppelwandig und durch eine im Wasserbad befindliche kupferne Dampfschlange heizbar. Er hat bei einem Durchmesser von 2150 mm eine Verdunstungsfläche von 3,6 m² und wegen der Größe der Verdunstungsfläche Vorzüge vor anderen Conchen, nicht zuletzt auch diesen Vorzug, daß eine langsame und wirksame Einwirkung des Luftsauerstoffs stattfinden kann.

Man hat versucht, den Längsreiber in größeren Ausmaßen zu konstruieren, um eine große Oberfläche zu haben. Dem ist eine Grenze gesetzt. Bei Vergrößerung der Längsreiber steigt der Inhalt stärker an als die Oberfläche zunimmt, es nimmt die spezifische Oberfläche je Kilogramm Inhalt ab.

Die Universalconche weist Wendeschaufeln und Rührwerke auf und hält die Masse in dauerndem Umlauf. Die Wendeschaufeln wirken lockernd. Sie gleiten mit ihrer bogenförmig ausgebildeten Breitfläche an der Innentrommelwand, mit ihrer unteren Fläche am äußeren Bodenrand entlang und verhindern ein Festsetzen von Masse an diesen Stellen. An der Wendeschaufel gleiten die Massepartikel nach oben, sie werden am äußeren Trommelrand zu einem Berge angeschoben und umgebrochen, um nach dem Wenden von den Randstellen zum Trommelinnern abzufließen. Die Masseschichten vollführen eine ständige Rund- bzw. Ovalbewegung aus, wobei sie übereinander und aneinander vorbeigleiten und hierbei Luft einschließen, von Luft durchspült werden.

Kleine Wendeschaufeln, die um die Trogmitte rotieren und entsprechend gestellt sind, schleusen die Masse aus der Trogmitte wieder der Hauptmasse unter.

Die Masse macht zunächst einen Trockenconchierprozeß durch, in welchem die unangenehmen Aromastoffe mit der Feuchtigkeit ausgeschieden werden (drei Stunden). Nach dieser Zeit, wenn die Masse plastisch geworden ist, wird das Planetenrührwerk eingestellt. Es ist ein Doppelrührwerk, das miteinander gekoppelt ist, beide Einzelrührwerke sind in der Umlaufgeschwindigkeit verschieden einstellbar. Das senkrechte Achsenträgersystem rotiert mit geringer Umdrehungszahl, die unteren Drehkränze machen diese Rotation mit und vollführen zusätzlich um ihre eigene Achse eine planetenartige Eigendrehung. Dadurch ist die absolute Umlaufgeschwindigkeit der Rührer verhältnismäßig hoch. Die Conchierzeit dauert 24—36 Stunden, sie ist kürzer als bei einem Längsreiber (72 Stunden).

Das Entleeren der Conche ist dadurch vereinfacht, daß der Granitläufer über eine Entleerungsklappe läuft und auf diese Weise die Masse aus dem Trog drückt.

Die Antriebsaggregate sind auf einem starken Maschinenuntersatz untergebracht. Bei einem Nutzinhalt von 1000—1200 kg liegt der Kraftbedarf bei etwa 25 PS. Die Universalconche der Firma Schwarzkopff, Berlin, stellt in gewisser Hinsicht einen Übergang vom Längsreiber zum Rundreiber dar.

In den Conchen wird keine nennenswerte Zerkleinerungsarbeit geleistet. Die Walzen üben zwar durch ihr Gewicht einen Druck auf die Masse aus. Der Druck, etwa 2 kg/cm^2, ist nur ein Bruchteil des Druckes, der von einem Walzenpaar eines Fünfwalzwerkes ausgeübt wird, etwa 100—200 kg/cm^2. Die Masse bewegt sich in der Conche mit einer Geschwindigkeit, die nur einige Meter in der Sekunde beträgt. Die Zerkleinerungswirkung ist gering, und sie muß in Abrede gestellt werden, wenn die festen Teilchen mit einem schützenden Kakaobutterfilm umschlossen sind. Eine Abschleifwirkung tritt, wenn überhaupt, nur zu Beginn des Conchierens bei einer trockenen Masse ein.

Beim Feinwalzen der Schokolade werden die Zuckerteilchen bei unvollständiger Fettbenetzung zusammengepreßt. Die Masse wird „trocken". Dieser Zustand ist vorübergehend und in einer gegenseitigen Verkittung der Zuckerteilchen begründet; ein solches Verkleben tritt bei feuchten Massen auf. In der Conche werden die Teilchen wieder an den Bruchstellen getrennt, spitze und kantige Zuckerteilchen abgegratet, doch nicht in dem Maße, wie gewöhnlich angenommen wird. Es ist ein Aufteilen der beim Walzen gebildeten Agglomerate, weniger ein Zerbrechen der festen Teilchen.

Die Masseteilchen werden beim Conchieren gegeneinander bewegt, wechselnd gepreßt und gelockert. Hierbei verändert sich die Zellstruktur der Kakaogewebeteilchen, kerngebundene Aromastoffe werden frei, Konzentrationsverschiebungen finden statt, neue Geschmacksstoffe bilden sich bei starker Belüftung. Die Belüftung ist ein wesentlicher Faktor insbesondere bei der Herstellung der Milchschokoladen.

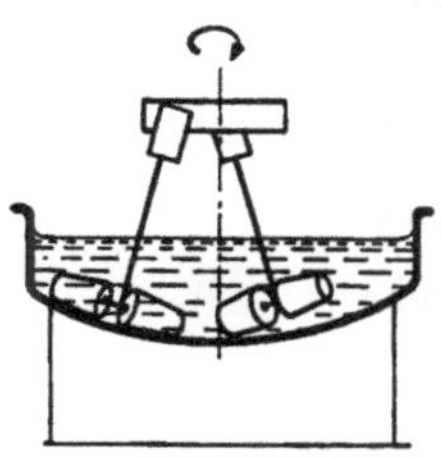

Fig. 40.
Der Postranezki-Conchentyp

Deshalb sind Conchen mit großer Oberfläche und mehrfachem Rührwerk konstruiert worden. In der Erstzeit war die Postranezki-Conche mit einer großen offenen Ausdunstungsfläche dominierend, in der Jetztzeit trifft man diese Conche nur noch vereinzelt an, die nach einem einfachen Prinzip gebaut ist: in einer großen runden Wanne laufen mehrere Walzenpaare um und durchpflügen die Masse (Figur 40).

Experten haben als übliche Conchen die Längsreiber (Bauermeister und Lehmann), die Universalconche, die Frisse-Rundconche, die Petzholdt-Superconche, die Rotorconche (Bauermeister) sowie die Umlauf-Rundconche von Carle-Montanari getestet.

Die Doppelt-Rundconche (Frisse)

Die Doppelt-Rundconche der Firma Frisse löst das Problem des Gegeneinanderlaufens der Massen mittels Radial-Hubschaufeln und Axial-Schubschaufeln. Die Rundconche hat einen liegend angeordneten Einfach- oder Doppelzylindertrog mit in den Zylinderachsen gelagerten Hauptwellen, welche die Radial-Hubschaufeln als auch die Axial-Schubschaufeln tragen. Die Hubschaufeln laufen am Boden, drehen sich im gegenläufigen Sinne zueinander, sie üben mit ihrer Flügelstellung Horizontalschübe auf die Masse aus, die zur Außenwand bewegt wird (Figur 41). Eine neuere Konstruktion sieht drei Bewegungsumläufe vor (Figur 42). Der Trog ist in drei Arbeitsräume derart aufgeteilt, daß an den Längsseiten des Troges, etwa auf dessen halber Höhe, halbkreisförmige bzw. halbzylindrische Ausbuchtungen vorgesehen sind, die auf einer Wellenachse Flügelsätze tragen, die an die Innenwand des Seitentroges reichen und gleichzeitig in den Drehkreis der Hubschaufeln der

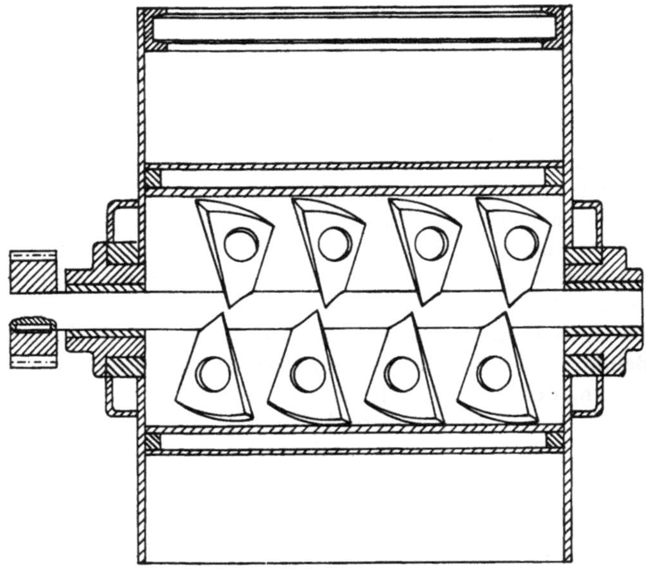

Fig. 41. Flügelschnecke in der Doppelt-Rundconche

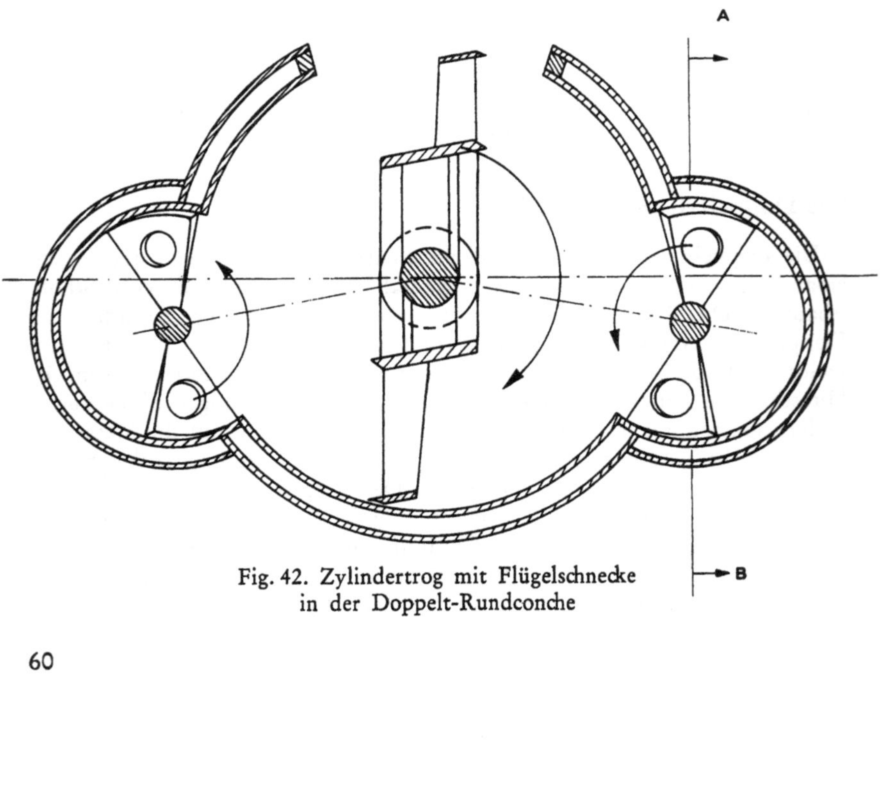

Fig. 42. Zylindertrog mit Flügelschnecke
in der Doppelt-Rundconche

Hauptwelle eingreifen. Im mittleren Haupttrog laufen Hubschaufeln um, die drehbar gelagert und um 180 Grad zueinander versetzt sind, in unterschiedlichem Abstand von der Welle stehen und ihre Bereiche nach Art einer Pflugschar durchpflügen. Sie besitzen radial nach außen gerichtete flache Arme, welche als Stützarme die Schaufeln tragen und an die Stirnwände reichen und als Stirnwandabstreifer dienen, am äußeren Ende noch Querarme aufweisen, die den Innenraum des Troges bestreichen. Es sind Innen- und Außenschaufeln, die zwei Bereiche durchpflügen, wobei über die Schubkante Masse abkippt und in den anderen Bereich gelangt.

In dem Zwischenbereich der Schaufeln sind auf der gleichen Welle zwei Reihen schräg gestellter segmentförmiger Schaufeln befestigt, die die Masse axial zu den Außenzonen fördern (Figur 41). Die Flügelteile sind so gestellt, daß sie den Raum von unten nach oben durchschlagen und hierbei die Masse an die Trogwände anschieben. Die inneren und äußeren Schaufeln sind schräg gegen den Massewiderstand gestellt.

Die Seitenwellen haben höhere Drehzahl als die Hauptwelle, durch die gegensinnige Drehrichtung zur Hauptwelle wird auf einer Seite Masse in den Trog hineingezogen, auf der anderen Seite angehoben, hierbei kräftig durchgearbeitet. Die Masse fließt zur Mitte hin, in der Innenzone entwickelt sich bei dem nach unten gerichteten Sog eine Abwärtsbewegung, hierbei wird die Masse gepreßt, unangenehme Geruchsstoffe werden freigesetzt und bei dem folgenden Umlauf der Masse mit der Luft ausgeschieden, wobei die Masse erneut luftaufnahmebereit wird.

Die Schokoladenmasse vollführt vertikale wie horizontale Umläufe im Zwillingstrog, wobei das Abpressen der unangenehmen Aromastoffe und das Mitreißen mit der abströmenden Luft für eine gute Aromabildung entscheidend sind. Dies geschieht, wenn die Masse noch nicht in den pastenförmigen Zustand übergegangen ist, d. h. während der Phase des Trockenconchierens. Der Conchierprozeß verläuft in zwei Phasen, auf die die Conchensysteme eingestellt sind.

Die Rundconche Carle-Montanari

Die Figur 43 stellt eine Rundconche mit zwei konzentrischen Ringräumen für die beiden Phasen des Conchierprozesses dar. Diese Ringräume ergeben sich dadurch, daß innerhalb des kreisförmigen Behälters ein mit ihm ortsfest verbundener Mantelring vorhanden ist. Er teilt den Behälterraum in den äußeren Ringraum und den inneren kegelförmigen Raum. Im äußeren Ringraum arbeitet ein Rührwerk, das der äußeren Behälterwand und dem Mantelkegel angepaßt ist. Der kegelstumpfförmige Mantelring ist oben offen, besitzt an seiner Bodenfläche Hubflügel, wird durch Verbindungsschieber vom äußeren Ringraum getrennt. In dem Kegelmantel, bestehend aus Granit,

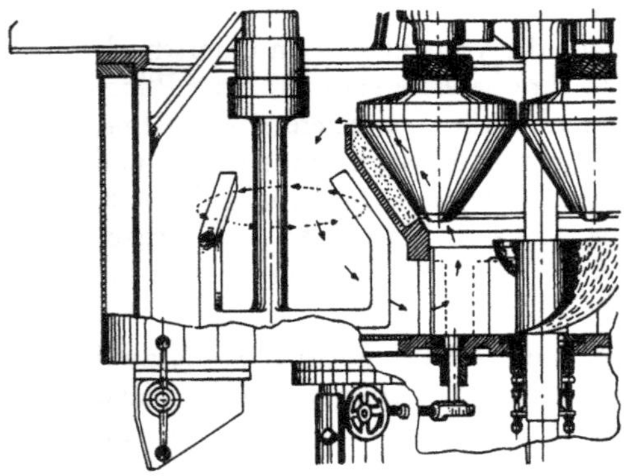

Fig. 43. Rundconche Carle & Montanari (Teilausschnitt)

rotieren Walzen, die eine konische Form besitzen, von einem oberen Trägerbügel gehalten und von einem Zentralrad über Planetenräder gesteuert werden. Die Walzen laufen an der Innenwand des kegelförmigen Raumes ab. Die Masse wird in den Außenring eingespeist und hierin mittels Mischflügel umgewälzt, und erst, wenn sie pastenförmig geworden, nach Herstellung einer Verbindungsöffnung zwischen Außenraum und Innenraum mittels Hubflügel in den kegelförmigen Innenraum gefördert. Der untere kreiszylinderförmige Teil des Kegelstumpfes weist verschließbare Verbindungsöffnungen zum Außenraum auf, die für die Dauer des Trockenconchierens bei dem Umbrechen der Massen im äußeren Ringraum geschlossen bleiben. Die Masse wird in dem Spalt durch die konischen Rollen verfeinert, wird in den oberen Ringraum abgeschleudert, der gedeckelt ist, und hierbei innigst belüftet. Sie wird mittels der bodenseitig auf der Mittelwelle angebrachten Hubflügel ständig im Kreislauf gehalten.

Boden- und Seitenwände haben einen Beheizungsmantel.

Die Petzholdt-Super-Conche

Die Abbildung 44 zeigt eine Rundconche, bei welcher das Schleierverfahren zum Arbeitsprinzip erhoben ist (Petzholdt-Super-Conche). Diese Conche besteht aus einem heiz- und kühlbaren Mischtrog von kreisförmigem Grundriß und besitzt einen gleichachsigen zylinderförmigen Rohreinsatz in der Mitte des Troges. Die Bewegungsorgane der Superconche sind gekrümmte Rührarme und fensterartig ausgebildete Schälplatten. Die krümelige Masse wird durch die Rührarme und die Schälplatte im Innentrog umgewälzt, wenn, wie beim Trockenconchieren, der Linksgang (Gegensinn des Uhrzeigers) eingeschaltet ist. Durch ein Tellerrad mit Kegelradantrieb unterhalb des Conchenbehälters wird die Maschine in Funktion gesetzt.

Die Schälplatte, welche am äußeren Ende des Bodenarmes schräg ansteigend angebracht ist, erfaßt die Masse aus der unteren Zone, schiebt die obere Schicht an und hebt bei dem Umlaufen die obere krümelige Masseschicht ab, die über die Längsseite um die Schräglage des Fensters in den Massesumpf zurückfällt, wobei die krümeligen Massebrocken einander reiben und überrollen. Infolge der Schrägstellung der Schälplatte wird Masse aus dem oberen Bereich ab-

Fig. 44. Petzholdt-Superconche (Innenansicht)

gehoben und über den Massespiegel herausgehoben, nach der Mitte des Behältertroges umgebrochen.

Die Höhenlage der Schälplatte ist der Füllhöhe angepaßt.

Die Staufläche des Rührarmes schiebt die Masse zur Außenzone, der Rahmen staut zusätzliche Masse zu einem Berg an, der in den Wirkungsbereich der Schälplatte kommt. Die abgehobene Masse fällt breitflächig und dünnschichtig auf und schließt dabei Luft ein. Wahlweise kann warme oder kalte Frischluft in den Bereich der umgebrochenen Masse geleitet werden.

Die Seitenkante des fensterartigen Leitelementes liegt der Behälterinnenwand an und dient gleichzeitig als Abstreifer.

In der zweiten Phase des Conchierens, des eigentlichen Veredelns, wenn die Masse nach 3—5 Stunden Bearbeitung zähflüssig geworden ist, wird der Rechtsgang eingeschaltet. Zu dem Rundlauf im Trog tritt nunmehr ein zweiter Masseumlauf in der Art eines dünnen Schleiers oberhalb des Massespiegels, dadurch, daß Masse vom zentralen Einsatzrohr eingezogen und von einer rotierenden oberen Wurfscheibe des Steigrohres nach den Seiten abgeschleudert wird.

Der beim Trockenconchieren zum Umbrechen verwendete Schälrahmen wirkt nun als Staufläche; er ist in bezug auf die Drehrichtung vorgekrümmt und schiebt die flüssige Schokoladenmasse zu einer Stauwelle an. Durch die tangential zum Zentrum angeordneten Bodenarme wird die Masse in die beiden zentral im Mischarm eingearbeiteten Einzugskanäle gedrückt und zu dem mittig angesetzten Einsatzrohr angehoben.

In diesem Rohr rotiert ein Propellersatz, der die flüssige Schokolade nach oben gegen eine gleichfalls rotierende, mit dem Steigrohr drehfest verbundene Schleuderscheibe drückt, die auf der Unterseite Schaufelkränze mit Austrittsschlitzen aufweist. Die Masse wird feinst dispergiert und gegen die Behälterinnenwand geworfen. In der Innenzone fällt der Massespiegel ab. Daraus resultiert ein trogeinwärts gerichtetes kaskadenartiges Gefälle. Durch das Umlaufen der Wippe wird im Rhythmus des Abhebens und Wiederaufprallens die Masse in Umlauf gehalten. Aus den beiden vektoriellen Größen, aus der Addition der äußeren rundlaufenden und der zentral trogeinwärtsgerichteten Bewegung resultiert nach dem Parallelogramm der Vektoren eine Diagonale, eine einwärts verlaufende spiralförmige Bewegung.

Infolge der schleierartigen Ausbreitung und der intensiven Luftumwälzung und Luftdurchspülung werden die Abdünste mit den aufsteigenden Dämpfen abgetrieben. Durch die Belüftung wird das Aroma verbessert, eine Entfeuchtung und Entsäuerung bewirkt und damit eine Viskositätserhöhung der Schokolade erreicht.

Es muß als wichtig herausgestellt werden, daß Luft abwechselnd den verschiedenen Zonen ausgepreßt, dann wieder eingepreßt wird.

Die Verflüssigung der Masse wird vollkommen, sobald die Partikelchen von jedwedem Wasserfilm (Feuchtigkeitsbelag), der nur eine Sperrschicht für den Kakaobutterfilm ist, freigesetzt werden.

Bei der laminaren Feinstschichtbildung und Feinstzerteilung setzt die Kakaomasse Eigenbutter frei; dadurch kann die Menge der zusätzlich gegebenen Kakaobutter bei gleichem Versalbungseffekt gering gehalten werden.

Die Masse ist in der Regel in 24 Stunden im fertigen Verarbeitungszustand; die Conchierdauer kann ohnehin nicht über 36 Stunden ausgedehnt werden.

Die Bauermeister-Conche

Dem Ziele einer innigen Durchmischung und Belüftung dient die Rotor-Conche, die als Konstruktionsmerkmal den umlaufenden Trog aufweist und eine schräge Trogachse hat, die mit der Senkrechten einen Winkel von etwa 45 Grad bildet. Die Schokoladenteile werden von der Innenwand des Troges mitgenommen, fallen von der oberen Scheitellage in den Massesumpf zurück und treffen während des Fallstoßes auf Aufteilmesser, die parallel zur Welle liegen und mit den Absteifern, die entlang der Trogwand rotieren, in einer

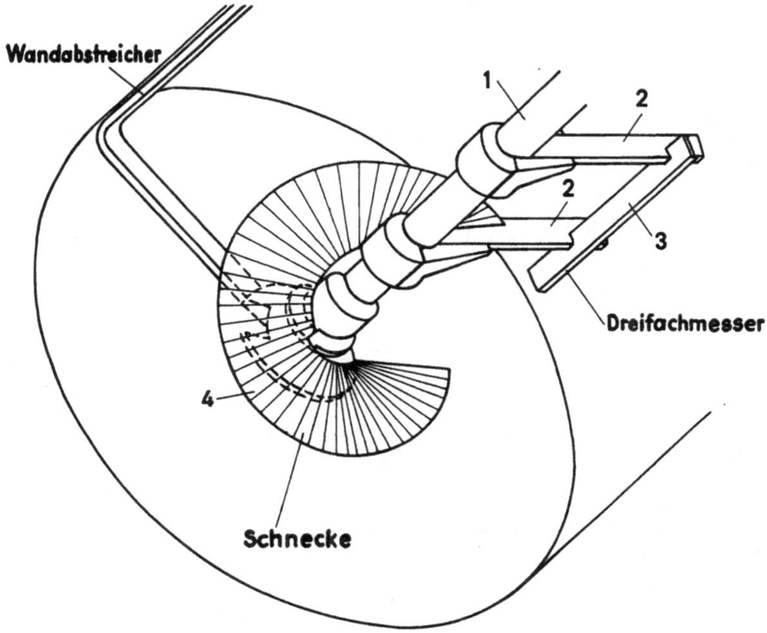

Fig. 45. Bauermeister Rotor-Conche
1 Welle 3 Messer
2 Arme 4 Hubschnecke

Winkelstellung von etwa 120 Grad stehen. Ein schneckenartig erweiterter Hubflügel fördert ständig Masse aus dem Innern an die Oberfläche in Richtung der Behälterschräge (Figur 45). Der Abstreifer schneidet die zähflüssige Masse von der Innenwand als geschlossenes „Tuch“ ab, es wandert durch die kreisenden Abstreiferbewegungen, die gegensinnig zum Behälter umlaufen, von einer Seite zur anderen; hierbei wird das Tuch flächig auf den Massespiegel geworfen.

Der Bewegungsmechanismus dieser Conche ist in der folgenden Art geändert worden. Die neue Bauermeister-Conche besitzt einen oben offenen Zwillingstrog, dessen Grundriß die Form einer liegenden Acht hat (Figur 46). Die Achsen stehen parallel zueinander und sind schräg gestellt, bilden mit der Senkrechten einen spitzen Winkel von etwa 30 Grad. Der Zwillingstrog ist in fester Ruhelage. In jedem Trog läuft eine Welle in einer der anderen entgegengesetzten Drehrichtung um. Diese Welle trägt ein Paar Schaufeln, die über ein Rohrstück daran befestigt sind. Die Schaufeln sind so gestellt, daß ihre Flächen in der Drehrichtung der ersten Phase bei dem Auflockern der

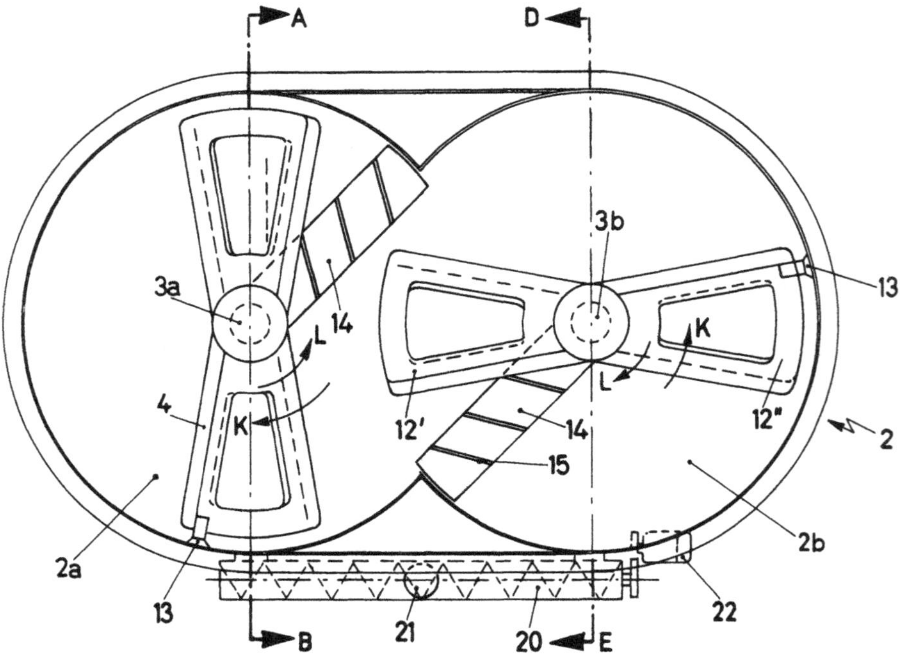

▲
Fig. 46.

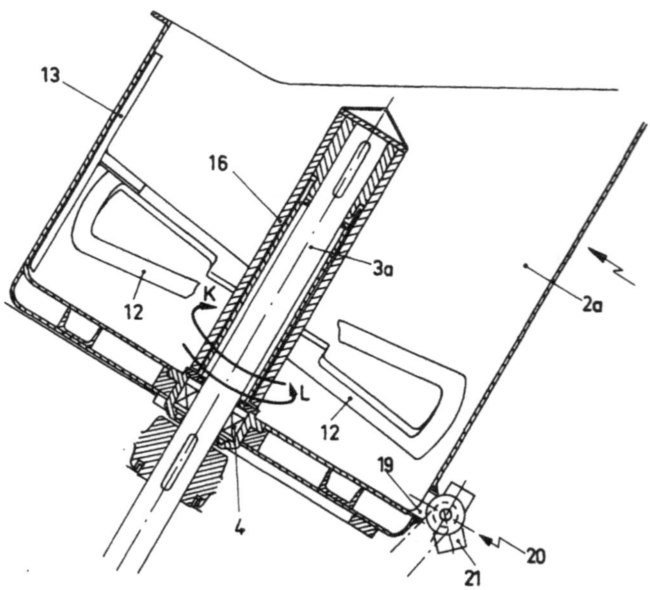

Bauermeister-Conche
2a, 2b Einzeltröge
3a, 3b zugehörige Wellen
4 Lager
12 Schaufeln
13 radialer Abstreifer
14 Bodenabstreifer
15 Leitblech
19 Entnahmevorrichtung
20 Förderschnecke
21 Sammelleitung
22 Motor

Fig. 47.
Bauermeister-Conche

bröckligen Masse ansteigen und die Schokoladenmasse von dem äußeren Bereich des unteren Troges zur Mitte, in dem oberen Trog ebenfalls von dem äußeren Bereich zur Mitte fördern, da in der gegenüberliegenden Troghälfte der gleiche Vorgang abläuft. Die innenliegende Schaufel der unteren Welle läuft nach oben und hebt Masse aus dem unteren Trogteil zur Mitte des Zwillingstroges. Der Masseumlauf in Richtung zur Oberfläche endet am Oberflächenspiegel infolge der Stellung der Schaufel. Die innere Schaufel auf der gegenüberliegenden oberen Welle schaufelt den Innenraum frei, hebt bei ihren Umläufen die Schokolade in Schichten ab, die sich nach den Seiten verteilt, so daß in der Innenzone durch die ineinander greifenden Schaufeln ein Anheben und Zuschaufeln in steter Wechselfolge stattfindet. In der mittleren Zone, in der Trogmitte, wird der Massestrom umgelenkt, es ist kein bloßes Rundlaufen der Schokoladenmasse. Die Schaufeln der beiden Wellen sind gegeneinander um einen halben Schaufelraum versetzt und in sich verdreht derart, daß die Breitfläche der Schaufel (12) (Figur 47) in dem Innenbereich waagerecht verläuft. Die Schaufeln stehen von den Wellen etwa senkrecht ab, liegen diametral gegenüber, sind in der Drehzahl genau eingestellt und bestreichen ein gemeinsames Gebiet in der Mitte des Troges.

Der Massespiegel ist in eine Waagerechte nivelliert. Die Schaufel taucht in die Schokoladenmasse ein und steigt bei dem Umlauf im oberen Trog über den Massespiegel hinaus, um dann im weiteren Fortgang wieder einzutauchen. Hierbei kommt die Masse mit der Luft in innige Berührung.

Die Schaufeln reichen nicht bis zur Bodenfläche, lassen vielmehr einen unteren Trogbereich frei, in welchem Leitbleche umlaufen und die Masse umwälzen. Die Leitbleche lockern die Masse am Boden auf und verschieben sie radial. Sie sind zu einer zur Welle konzentrisch liegenden Kreislinie schräg angestellt, schieben in der ersten Phase die Masse von außen nach innen, in der zweiten Phase des Umkehrprozesses von innen nach außen.

Die Wellen sind in der Drehrichtung umkehrbar. Ist der Auflockerungsprozeß, das Trockenconchieren beendet, wird die Drehrichtung geändert. Die Schaufeln, die in ihren Flächen unterbrochen und als Knetschaufeln ausgebildet sind, üben mit ihren Flächen einen Druck auf die Massen aus und verdichten sie. Sie arbeiten mit ihren Breitflächen von oben nach unten und finden einen erheblichen Widerstand, wenn in umgekehrter Folge im Versalbungsstadium die Masse umläuft, von oben nach unten gepreßt und an den Außenwänden und am Boden entlang gefördert wird. Durch Wandabstreifer wird ein Festsetzen von Masse an den Innenwänden vermieden.

Die Entleerung der Conche erfolgt an der tiefsten Stelle durch eine Förderschnecke, welche gleichzeitig als Förderpumpe dient und die Masse in die Vorratsbehälter transportiert.

Beim Conchieren sinkt der Feuchtwert auf die Hälfte des Anfangswertes.

Die Lagerfähigkeit von Schokolade — Sortenqualitäten

Vom Feuchtwert hängt die Lagerfähigkeit der Schokoladen ab, der für die Milchschokoladen von erheblicher Bedeutung ist. Milchschokoladen werden in der Regel unter Zugabe von Milchpulver hergestellt, die Feuchtwerte von 4 % (Walzenpulver) bzw. 5 % (Sprühmilchpulver) haben. Wenn Milchschokoladen lagern sollen, darf ihr optimaler Wassergehalt bestimmte Grenzwerte nicht übersteigen. Sie liegen bei 1,1 bis 1,4 %, wenn Sprühmilchpulver, bei 0,6 bis 0,8 %, wenn Walzenmilchpulver verwendet werden.

Die Milchproteine erleiden Veränderungen auf der Grundlage der Maillard-Reaktion, in deren Verlauf die Proteine sich zersetzen, an deren Aminogruppe reduzierende Zucker sich anlagern, vgl. Seite 16 (Rösten). Es treten Bräunungserscheinungen auf, wenn die Milchpulver durch Feuchtigkeit schadensanfällig werden. Die Qualitätseinbußen treten, wenn auch in verringertem Maße des Verdünnungseffektes, bei Vollmilchschokoladen und bei Pralinen mit milchhaltiger Kuvertüre ein.

Auch eine hydrolytische Fettspaltung (Seifigwerden) kann bei Vollmilchschokoladen eintreten, wenn hohe Feuchtwerte bestehen. Weniger zu befürchten ist eine auto-oxydative Ranzidität wegen der anti-oxydativen Wirkung der Kakaobestandteile.

Dem Standort der Fabrikation muß eine gewisse Bedeutung zugemessen werden. Der atmosphärische Einfluß ist in den verschiedenen Gegenden wechselnd, so daß von gleichen Ausgangsmaterialien nicht immer einander gleichwertige Produkte hergestellt werden können. Dies ist für Schokoladenmassen von Bedeutung, die eine intensive Lufteinwirkung erfahren.

Für die Milchschokoladen wird in der Regel ein Trockenmilchpulver angesetzt. In der Frischmilch sind die Fetteilchen von einer Phosphatid-Schutzhülle umgeben, nicht aber im Trockenprodukt; das Fett ballt zusammen, im Sprühpulver weniger, mehr im Walzenpulver. Dies beeinflußt die Viskosität der Schokolade. Von dem Milchpulver hängt es zudem ab, in welcher Höhe Kakaobutterzusätze während des Conchierens getätigt werden. Das Walzenmilchpulver zeigt kleine unregelmäßige Plättchen, die frei von Luftbläschen sind und ziemlich große Fetteinschlüsse aufweisen. Sprühtrockenmilch hat poröse Teilchen in Kugelgestalt mit Luftbläschen und Fetteinschlüssen in gleichmäßiger Verteilung. Dieses Milchpulver hat eine größere Oberfläche und saugt mehr Kakaobutter auf als Walzenmilchpulver. Das erschwert beim Conchieren das Ausdünsten der Masse. Wegen des höheren Verbrauches an Kakaobutter wird ein Zerstäubungspulver ungern für die Milchschokoladen genommen, es sei denn, daß die Sprühpulverporösität im Fabrikationsgange herabgesetzt und nur noch Werte um 5 Vol. % hat. Das Eiweiß des Zerstäubungspulvers ist unverändert löslich, da in der Zerstäuberzone eine Temperatur von 40° C kaum überschritten wird, während das Eiweiß der Walzenmilchpulver unlöslich geworden ist.

Es sind die Milcheiweißstoffe gemeint, wenn von einem Käsigwerden der Schokoladenmasse in der Conche die Rede ist. Die Eiweißstoffe der Kakaobohnen liegen nach dem Rösten nicht mehr in nativem Zustande vor, sie sind schon bei der Fermentation infolge Einwirkung von Gerbstoffen in unlösliche Stoffe umgewandelt (vgl. Seite 5).

Es ist eine stete Behauptung der letzten Jahre gewesen, daß beim Conchieren lösliche Gerbstoffe polymerisieren, zu Molekülpaketen sich verdichten und damit unlöslich werden. Die Catechine und Epi-Catechine, die einen Hauptteil der Gerbstoffe ausmachen, haben bereits beim Fermentieren und beim Rösten der Bohnen eine Abnahme auf etwa $^{1}/_{10}$ des ursprünglichen Gehaltes frischer Bohnen erfahren. In der fertigen Schokoladenmasse ist dieser Gehalt etwa in gleicher Höhe wiedergefunden und bestätigt worden. Dies bezieht sich auf die dunklen Schokoladen, die Milchschokoladen haben einen noch niedrigeren Wert als die (bitteren) Schokoladen, daher keinen ausgeprägten Gerbstoffgeschmack. Die Milchproteine binden die in Lösung befindlichen Gerbstoffe, die Polyoxyphenole, zu unlöslichen Adsorbaten. In den Milchschokoladenmassen findet man nur einen Teil der in den Ausgangsmassen vorhandenen Gerbstoffmengen wieder. Umlagerung und Kondensation können nur stattfinden, wenn die Masse eine gewisse Feuchtmenge besitzt. Sie hat beim Einfüllen in die Conche Werte um 2 %. Um überhaupt erst ein Austreten der Gerbstoffe aus dem Zellverband zu ermöglichen, ist es notwendig, die Kakaomasse eine gewisse Zeit trocken zu behandeln, im ursprünglichen Zustande die Massepartikelchen aufeinander einwirken zu lassen. Während des Trockenconchierens wird der Masse Feuchtigkeit entzogen, im anschließenden Arbeitsgang erfolgt mit dem Versalben durch die Kakaobutter ein Abschirmen der Kakaomasse, die dadurch vor Veränderungen geschützt ist.

Gerbstoffe sind in Kakaobutter nicht löslich, wie bereits angeführt.

Die Aromastoffe werden im Laufe der einzelnen Fabrikationsstufen unterschiedlich entwickelt, sie liegen „verpackt“ in der Masse, in größeren Partikelchen, welche vom schützenden Kakaobutterfilm umschlossen sind. Eine Tafel Schokolade, welche eine längere Zeit (ein Jahr) offen liegt, wird fade; die Masse gewinnt aber wieder ein Aroma, wenn sie erneut gewalzt und conchiert wird. Sie behält bei den Zeiten der üblichen Herstellungsgänge noch unaufgeschlossene Aromastoffe zurück.

Es ist Brauch, Milchschokoladen vor dem Inverkehrbringen einen Monat zu lagern. Sie reifen und gewinnen an Wohlgeschmack.

Milchschokoladen haben einen höheren Feuchtwert als dunkle Schokoladen. In England ist unter der Bezeichnung „milk-crumb“ ein Kakao-Milch-Zucker-Präparat bekannt, das zur Herstellung einer annehmbaren Milchschokolade geeignet ist. Die Kakaomasse wird mit der Milch vermengt, wenn sie noch einen hohen Feuchtigkeitsgehalt aufweist, der Brei dann eingedickt. Dies geschieht in drei Arbeitsstufen. In der ersten wird die Milch auf 25—30 % Restfeuchtigkeit eingedampft; es folgt das Zugeben des Zuckers und weiteres Eindampfen auf 14—18 % Feuchtigkeit, dann das Einrühren des Kakaos zu einem Brei, welcher im Vakuumofen bis zum nahezu vollständigen Feuchtigkeitsentzug verbleibt. Als harter brauner Kuchen oder als borkiger Strang wird die Masse aus dem Ofen genommen, zerkleinert, mit Kakaobutter verfeinert und zur Milchschokolade conchiert.

Gerbstoffe können einen optischen störenden Einfluß ausüben. Es treten, wenn die Schokoladenmasse noch nicht entfeuchtet ist und bei der langandauernden Walkarbeit in der Conche Eisenteilchen in Lösung gehen, schwarz-bläuliche Farbveränderungen auf. Bisweilen tritt solche Verfärbung schon beim Walzen der Masse ein. In den Längsreibern läuft daher eine Granitwalze und keine Stahlwalze um.

Saure Eisenverbindungen können an den Seitenwänden der Längsreiber gebildet und zu einer dunkelaussehenden Schicht anwachsen; bei den Rundreibern werden sie abgerieben. Um unliebsame Verfärbungen zu vermeiden, und Reaktionen zwischen Gerbstoffen und Eisenverbindungen auszuschließen, sind die Kästen, in denen die Kakaobohnen dem Fermentationsprozeß unterworfen werden, frei von Eisenteilen. Derselbe Gesichtspunkt ist bei der Wahl der Ausstattung von solchen Maschinen zu beachten, die der Verarbeitung gerbstoffhaltiger Materialien dienen, beispielsweise bei Erdnüssen (Samenschale), die Phlobaphene, Tannine, Leuko-anthocyanide enthalten .

Der Versalbungsvorgang verläuft um so vollkommener, je größer der Kakaobutteranteil ist. Das ist bei den Kuvertüren der Fall, die eine kürzere Zeit in der Conche laufen als die fettarmen Massen der Tafelschokoladen. Wenn die Fettkristalle in ununterbrochener Kette dichtaneinander gereiht sind, besitzt die Schokolade ein festes Gefüge. Eine Milchschokolade kann wegen der andersartigen Zusammensetzung nicht den Festigkeitsgrad der gewöhnlichen Schokolade besitzen, sie ist, wenn mehr als 5 % Milchfettgehalt darin enthalten sind, in der Bruchfestigkeit erheblich gemindert.

Gefüge der Schokolade

Das Gefüge der Schokolade wird durch die Kakaobutter gebildet und mit dem Schmelzen der Kakaobutter zerstört. Es ist schwer, in tropischen Ländern eine gut aussehende, wärmebeständige Ware mit typischem Schokoladengeschmack zu halten. Als Ausweg ist ein Verfahren auf der Grundlage von amorphem Zucker entwickelt worden. Es wird eine erste Masse, bestehend aus nicht conchierter Schokolade mit amorphem Zucker, mit einer zweiten Masse, bestehend aus conchierter Schokolade mit Kristallzucker, miteinander innigst vermengt. Ein Zuckersirup wird im Vakuum eingedickt, mit neutralem Invertzucker vermischt, in geringen Anteilen und nur insoweit, daß kein hartkristallines Aggregat entstehen kann, dann mit conchierter Schokolade, welche auf dem üblichen Wege mit pulverisiertem Zucker hergestellt ist, vermengt. Von beiden Massen werden etwa gleiche Anteile genommen und bei niedriger Temperatur verarbeitet — 35° C —, um ein Zusammenballen der Zuckerkriställchen zu vermeiden. Das Conchieren unterbleibt, damit die Partikelchen des amorphen Zuckers erhalten bleiben und nicht vom Kakaobutterfilm überzogen werden. Diese Zuckerpartikelchen geben die Struktur, das Skelett ab, das auch beim Schmelzen der Kakaobutter zurückbleibt.

Tropenfeste Milchschokolade kann auf gleichem Wege hergestellt werden: Von der Rohstoffbasis her wird ein Zuckersirup aus stark gezuckerter Milch im Wege der Sprühtrocknung eingedickt und das Trockenpulver statt des amorphen Zuckers verwendet. Auch kann ein etwaiger Lezithinzusatz zwecks Fettersparnis getätigt werden.

Lezithinzusätze

Es ist üblich, Lezithin der Schokoladenmasse zuzufügen, weil es Kakaobutter einspart. Lezithin setzt die Oberflächenspannung der Kakaobutter herab und trägt so zur Ausbildung eines äußerst dünnen Fettfilmes bei. Die Kakaobutter kann durch die größere Oberfläche mehr der nichtfettigen Anteile benetzen und umschließen.

Lezithin enthält als molekulare Bauelemente Glyzerin in esterartiger Verbindung mit höheren Fettsäuren und mit der an Cholin gebundenen Phosphorsäure. Das Lezithinmolekül enthält polare Gruppen, eine fettliebende (lipophile) und eine wasserliebende (hydrophile) Gruppe. Wegen der polaren Gegensätzlichkeit findet sich das Lezithin in der Grenzschicht Fett/Wasser und wird dort wegen der chemischen Ähnlichkeit mit den Fetten angereichert. Es bildet sich ein lamellarer Oberflächenfilm aus. Das Lezithin erleichtert die Benetzbarkeit, in dem es durch Bildung dünner Zwischenschichten die Abstoßkräfte an den Berührungsflächen der festen Masseteilchen und der flüssigen Kakaobutter verringert. Es setzt die Reibung an den Grenzflächen von Kakaobutter und den festen Masseteilchen herab.

Lezithin quillt zur kleisterartigen Masse auf, wenn genügend Feuchtigkeit vorhanden ist, es bildet ein Gel und hält die Feuchtigkeit fest. Wegen der Gelfähigkeit und seiner Hygrokopizität ist es untunlich, zu Beginn des Conchierens das Lezithin zuzugeben. Ein zu frühes Zugeben ist der Entfeuchtung der Masse nicht dienlich. Das Lezithin wird daher erst in der Schlußphase des Conchierens zugesetzt, in warmer, nicht heißer Kakaobutter, etwa einem Drittel, zwecks besserer Haltbarkeit und Verarbeitbarkeit aufgelöst und mit der Kakaobutter zugegeben.

Lezithin ist leicht zersetzlich und empfindlich gegen Feuchtigkeit, Wärme, Licht und Luft. Es wird während der Walkarbeit in der Conche bei ungünstigen Temperaturverhältnissen zerstört. Daher ist im Zeitpunkt der Lezithinzugabe die Schokoladenmasse auf eine Temperatur von 45—50° C zurückzuführen, will man nicht die volle Wirkung schmälern. Man erreicht sie nicht bei der Versalbung bitterer Schokoladen und Kuvertüren wegen der hierbei waltenden höheren Temperaturen.

Der Schmelzpunkt des Lezithins liegt bei 60° C.

Lezithin erhöht das Fließvermögen, wenn es in geringster Menge zugesetzt wird. Bei einem Zuviel wird die Schokolade dickflüssig. Bei den Kuvertüren, die zum Überziehen von Pralinen dienen, hat dies den Nachteil der Tropfenbildung; es bleiben höckerartige Wölbungen zurück und es erschwert das Ablaufen überflüssiger Masse von den Einlagen.

Ein Zusatz von 0,2 bis 0,4 % bewirkt eine Kakaobuttereresparnis von 25 bis 50 %. 0,3 % Lezithin ergeben die gleiche Viskositätsänderung wie 5 % Kakaobutter. 60 g ersetzen, um eine praktische Regel zu nennen, 1 kg Kakaobutter. Die deutsche Kakaoverordnung schreibt einen Höchstsatz von 0,3 % Reinlezithin vor. Das Handelslezithin hat eine Reinheit von etwa 60 %.

Trotz der Empfindlichkeit vor Zerstörung und oxydativem Abbau durch Schwermetalle ist Lezithin ein oxydantisches Mittel und schützt vor Fettverderb. Die antioxydative Eigenschaft des gehandelten Rohlezithins ist aber nicht eine Eigenschaft des reinen Lezithins, sondern für gewisse Begleitsubstanzen des Handelsproduktes spezifisch.

Lezithinzugaben werden in gewissen Fällen den Schokoladen zwecks besserer Bearbeitbarkeit zugegeben. Diesem Vorteil steht der erwähnte Nachteil der Zersetzlichkeit gegenüber.

Das Mosimann-Verfahren

Walzen und Conchieren sind zeitintensive Vorgänge. Es ist versucht worden, unter Fortfall dieser beiden Arbeitsgänge in kürzerer Zeit nach dem Mosimann-Verfahren eine Schokolade herzustellen, das drei Arbeitsphasen unterscheidet: Zerkleinerung in der Strahlmühle, Vermischen im Buss-Ko-Kneter, Veredeln im Ultraschallgerät.

Die Kakaokerne werden zunächst auf einer leistungsfähigen Kolloidmühle vorgemahlen (auf etwa 100 Mikron), dann auf einer Strahlmühle weiter zerkleinert (15—20 Mikron). Die Strahlmühle zerkleinert, mischt, entfeuchtet und entsäuert das Massegut. Das Zerkleinern erfolgt in einer Stickstoffatmosphäre. Um die schädlichen Wirkungen des Sauerstoffs auszuschließen, wird der Luftsauerstoff aus der Luft entfernt, „verbrannt". Dieser inerte Stickstoffstrom tritt in die Mühle durch tangential angeordnete Düsen, die im unteren Teil angebracht sind, ein (Figur 21). Mit dem Stickstoffstrom wird das Mahlgut in die untere Zone, in die Brechkammer der Mühle eingespeist. Die Teilchenträgergase werden in der Brechzone auf dem Wege durch die Kammern beschleunigt, deren Geschwindigkeiten infolge der Ausbildung der Düsen auf Werte von 350 m/sec gebracht. Das Einpressen der vorbehandelten

Luft geschieht mittels eines Kompressors. Das Druckgas von 7—15 atü expandiert hinter den Düsen, kreist mit geringem Überdruck in der Mühle und strömt zum Kompressor zurück; es wird nach jedem Kreislauf gereinigt und getrocknet, vollführt den Kreislauf etwa 200mal stündlich, wobei die Masse intensiv entfeuchtet und entsäuert wird. Bei der Gasexpansion tritt eine Abkühlung ein (Joule-Thomson-Effekt). Die Temperatur, mit welcher Druckgas vom Kompressor abgegeben wird, liegt bei 100° C, sie fällt unter dem Einfluß der Expansion, des Wärmeverbrauchs durch die Entfeuchtung und bei Ausgleich des kühlen Mahlgutes auf etwa 70° C ab. Die Wärmeenergien, die das Mahlgut aufnimmt, wirken sich günstig auf die Geschmacksabrundung aus.

Wenn das Gut die gewünschte Feinheit hat, wird es im Abscheider ausgetragen, anderenfalls fällt es als schwerer Teil zu Boden und wiederholt den Kreislauf durch die Brechzone der Mühle. Die Teilchen treffen in den Luftwirbeln aufeinander und zertrümmern sich gegenseitig, wobei ein gleichmäßig gekörntes Gut anfällt (vergleiche Seite 25). Es ist eine Zerstörung im Zweierstoß bei hohen örtlichen Geschwindigkeiten, ein Aufeinandertreffen der Teilchen infolge ihrer verschiedenen Bewegungsenergien.

Im weiteren Verfahrensgange wird das gemahlene Trockengut im Buss-Ko-Kneter homogenisiert, fehlende Kakaobutter in der letzten Knetphase eingespritzt, gegebenenfalls Lezithin zugegeben (vergleiche Seite 33). Es wird mit einem Minimum an Kakaobutter geknetet.

Anschließend wird die Masse in einem Rührwerk, einem stehenden Zylinder mit vertikaler Zentralachse, aufgelockert, in einem Homogenisator behandelt, in einem Entlüfter zwecks Gasabgabe verspritzt, und nunmehr, in einer dritten Phase, mittels einer Ultraschallanlage veredelt. Um Ultraschallbehandlung zweckmäßig einsetzen zu können, bedarf es theoretischer Überlegungen.

Schallwellen sind Verdichtungen und Verdünnungen der Phasen in einer unendlichen schnellen Zeitfolge. Sie üben Druck- und Zerreißspannungen, Druckelastizitäten und je nach Art des Massegutes Scherkräfte aus, wenn es in den Bereich des Schallgebers gerät.

Es gibt verschiedene Wege zur Erzeugung von Schallwellen. Am bekanntesten sind die magnetostriktiven Schwinger, dem das folgende physikalische Prinzip zugrunde liegt. Es wird ein elektromagnetisches Feld mittels eines U-förmig gebogenen Eisenstabes aufgebaut, welcher mit Leitungsdraht umwickelt, an den Polenden mit einem Eisensteg lose verbunden und an ein Wechselstromnetz angeschlossen ist. Das elektromagnetische Feld erfährt mit der Frequenz des Wecheslstromes ständige Richtungsänderungen und bringt den Stab, der mit der wechselnden Stromrichtung angezogen und abgestoßen wird, zum Schwingen. Der magnetostriktive Schwinger ist bei den Rüttlern im Einsatz und bewirkt das Entlüften der Schokoladenmassen, bevor sie erstarren.

Das Ultraschallverfahren arbeitet mit hohen Schwingungszahlen, die erreicht werden können, wenn an Stelle des Eisenstabes, der ein wuchtiges Trägersystem in Schwingungen versetzt, ein dünnes Quarzblättchen vibriert, das lediglich eine Luftsäule bewegt. Wird der Quarzkristall (Einkristall mit unsymmetrischem Aufbau) in bestimmter Achsrichtung mechanisch durch Druck oder Zug beansprucht, so tritt in dieser Richtung eine elektrische Polarisation auf, der Quarzkristall lädt sich auf (piezoelektrischer Effekt). Der reziproke Effekt kann dadurch erreicht werden, daß ein Wechselstrom an das Quarzblättchen angelegt wird, das nach Maßgabe der Frequenz Druckspannungen erleidet. Das Blättchen schwingt im Rhythmus der Frequenz des elektrischen Stromes.

Ein umwickelter Nickelstab erfährt eine Längenkontraktion, wenn durch die Spulenwicklung ein Gleichstrom hindurchfließt, er nimmt bei Abschaltung des Stromes seine frühere Gestalt wieder an. Bei Anlegen eines Wecheslstromes genügend hoher Frequenz erfolgen Kontraktion und Expansion des Nickelstabes im Rhythmus der Frequenz, wie beim Quarzblättchen.

In die Mosimann-Anlage sind magnetostriktive Schwinger eingebaut, sie besitzen mehrere hundert Nickellamellen, deren Schwingungen über massive Stahlzylinder auf das Schallgut übertragen werden. Zur Mosimann-Anlage gehört ein Generator, der, ausgehend vom Netzstrom, einen regelbaren Hochfrequenzstrom erzeugt, welcher auf die Eigenfrequenz des magnetostriktiven Schwingers abgestimmt wird.

Die Schokoladenmasse setzt der Ausbreitung der Schallwellen einen gewissen Widerstand entgegen, ein Teil der Schwingungsenergie wird absorbiert und in Wärme umgewandelt. Die Absorption steigt mit dem Quadrate der Frequenz.

Die Masseteilchen werden im Schallfeld zerrissen. Es bestehen an den Grenzflächen ungleichmäßiger Massen Hohlräume, und es entstehen neue Hohlräume, wenn eine Zugspannung auf die Masse einwirkt. Diese Hohlräume stürzen nach Aufheben der Spannung im Ultraschallfelde, das sich stetig verändert, zusammen und üben starke Zerreißkräfte (Kavitation) aus. Die Spannungen zerreißen die Zellwandungen und setzen Aromastoffe frei.

Die Teilchen erfahren im Schallfeld Bewegungsimpulse, hierbei treten hohe Partialdrücke auf, die die großen Makromoleküle zerstören. Beweisend hierfür sind Beispiele aus der Praxis, wonach die Zähigkeit von Stärke- und Gelatinelösungen bei Ultraschalleinwirkung abnimmt. Auch das Lezithin „taucht geschmacklos spurlos unter“. Die Zerstörung der Makromoleküle, wie der Lezithine, kommt durch Reibungskräfte zustande, die zwischen der schwingenden Flüssigkeitslamelle und den trägen Makromolekülen bestehen; diesen raschen Schwingungen vermögen die Makromoleküle nicht mehr ganz zu folgen.

Es wird Wärme, gleichmäßig verteilt im Gut, erzeugt. Die Expositionszeit ist gering ($^1/_{10}$ bis $^1/_5$ Sekunde), um das Gut vor Überhitzung zu bewahren.

Die Conchierzeit kann, wofür Einzelfälle beweisend sind, durch Ultraschallbehandlung verkürzt werden, wenn die Schokolade anschließend kurzfristig in den Bereich eines Ultraschallfeldes gebracht wird.

Schokoladenvorratshaltung

Das Ende der Conchierzeit zeigt sich durch Glanz der Schokolade an. Die Conche wird geleert, die Masse mit Spezialpumpen durch doppelwandige und wasserbeheizte Rohrleitungen in beheizbare Vorratsbehälter gepumpt, in denen Temperaturen von 45—50° C vorherrschen, um das Gefüge der Schokolade zu erhalten. Eine fettreiche Masse läßt sich leichter pumpen als eine fettarme, und eine Schokolade von 45—50° C besser als eine temperierte Masse von 33° C, ohne befürchten zu müssen, daß an den Rohrwandungen Masseteilchen sich absetzen und die Rohrleitungen verengen. Der Reibungswiderstand wächst mit der Viskosität der Masse. Ohne Schwierigkeiten lassen sich Entfernungen von 100 Metern überwinden.

Die Vorratsbehälter arbeiten in vertikaler Richtung, sich hochstehend konstruierte Tanks mit Zuflußöffnungen im unteren Teil, besitzen Rührwerke und Abschabevorrichtungen, welche rotieren und das Gut zu dem oberen Abflußrohr fördern und in Umlauf halten.

Es sind langsam laufende Drehkolbenpumpen mit 35—50 U p. M., welche für die Förderung breiartiger dickflüssiger Massen eingesetzt werden. Die Anlage solcher Drehkolbenpumpen gewährleistet ein gleichmäßiges stoßfreies Fördern. In einem zylinderförmigen Gehäuse, der Pumpenkammer, sitzt auf einer Welle axial der Kolben, der nennenswert kleiner als die Pumpenkammer ist, im Achsquerschnitt die Form eines Vielflächners hat und formentsprechende gleiche Segmenträume zwischen Zylinderwand und Kolbenaussparungen aufweist. Der Kolben (Läufer) rotiert. Die Kreisbewegung des Kolbens bewirkt eine abwechselnde Vergrößerung und Verkleinerung der Einlaß- und Auslaßkammern, zwischen Gehäuse (Zylinderwand) und Rotor bilden sich sichelförmige Arbeitsräume. Ein Sperrschieber wird in zwangsläufiger Abhängigkeit von der Kolbenwelle angetrieben. Bei dem langsamen Rotieren wird das Gut an dem Eintrittsrohr (Saugrohr) erfaßt und zum Druckrohr gefördert. Auf der Saugseite kann ein Saugschlauch zum Anschluß an die Conche, auf der Druckseite ein Druckschlauch zum Anschluß an Rohrleitungen montiert werden.

Die Vorratsbehälter haben, um dem Arbeitsanfall gerecht zu werden, ein großes Fassungsvermögen (500—3000 kg).

Mittels der Drehkolbenpumpen lassen sich Massen fördern, ohne daß sie hierbei entmischt werden oder durch den Preßdruck Kakaobutter abgeben. Dies ist bedeutungsvoll, wenn Massen längere Strecken zur Verbrauchsstelle gepumpt werden müssen, beispielsweise Kuvertüre.

Kuvertüren

Kuvertüren enthalten nach der Kakaoverordnung aus dem Jahre 1933 mindestens 35 % Kakaobutter; sie bestehen zu höchstens 50 % aus Verbrauchszucker (Saccharose) und zu mindestens 33 % aus Kakaomasse und in Höhe des Restbetrages aus zugesetzter Kakaobutter. Als Mindestgehalt an Kakaobutter schreiben die neuen Richtlinien 31 % für die Kuvertüren wie die Milchschokoladenkuvertüren vor. (Richtlinienentwurf zur Angleichung der Rechtsvorschriften in den Mitgliedsstaaten der EWG auf dem Gebiete der Kakao- und Schokoladenherstellung).

Die Kuvertüren unterscheiden sich von den Schokoladen in den Fett- und Zuckergehalten.

Die gewöhnliche Schokolade, als welche auch Blockschokolade gilt, hat mindestens 35 % Kakaomasse, hiervon 18 % Kakaobutter, und höchstens 65 % Zucker.

Kuvertüre wird wie Schokolade hergestellt; wegen des höheren Fettgehaltes ist in kürzerer Zeit ein guter Versalbungseffekt erreichbar. Es ist nicht gleichgültig, wie die Kakaobutter in der Kuvertüre verteilt ist, und nicht ohne Bedenken die Anweisung in den Arbeitsfibeln, die Kuvertüre warm und langsam aufzulösen, dann mit aufgelöster Kakaobutter zu vermengen, um sie als dünnflüssige Kuvertüre zum Überziehen von Pralinen zu verwenden. Die Kakaobutter ist nicht das Flußbett, in dem der nichtfettige Anteil als selbständiges Gebilde herumschwimmt. Es kommt auf das schokoladenartige Gefüge an, wie es durch das Versalben in der Conche erreicht wird. Bei einer kakaobutterreichen Kuvertüre ist der Fettring um die Massepartikel stärker, das Abschmelzen des Fettringes schwieriger, das Fließbett beständiger als bei einer fettarmen oder einer unhomogenen Kuvertüre, die streifige Stellen zeigt.

Die Kuvertüre wird mit Zahlen bezeichnet. Eine Kuvertüre 60/40/38 enthält 60 % Kakaomasse, hiervon 38 % Kakaobutter, während der Zuckergehalt 40 % ausmacht. Für Überzugsarbeiten wird eine Kuvertüre von 39 % Kakaobuttergehalt bevorzugt. Eine solche Kuvertüre kann auf der rezepturmäßigen Grundlage von 43 % Kakaomasse und 17 % Kakaobutter hergestellt werden, während der Rest auf Zucker entfällt. Für Pralinen und Desserts, welche einen starken Überzug verlangen, weisen die Kuvertüren Kakaobuttergehalte von 35 % auf, für Spezialartikel wie Oblaten und Waffeln und Baisers, wird eine dünnflüssige Kuvertüre gewählt, bei der der Kakaobuttergehalt um 42 % liegt. Die Kuvertüre zum Überziehen von Eisriegeln hat einen besonders hohen Kakaobutterwert; er liegt bei 55 % und ist deswegen so hoch, weil die Kuvertüre schnell erstarrt, vor dem Erstarren sich dünnflüssig verteilen soll. Dieses Verteilen ist geboten, um ein Schmelzen des Eisriegels an einzelnen Stellen, nämlich gerade dann, wenn die Kuvertüre sich ungleichmäßig verteilt, auszuschließen. Schokoladenüberzüge von

Eisriegeln und Eisbomben sollen, wenn sie geschnitten werden, weder springen noch blättern. Ein Milchfettgehalt setzt die Bruchfestigkeit der Kuvertüren herab. Daher wird der Kuvertüre, die für solche Überzieharbeiten angesetzt wird, ausgelassene Butter in geringster Menge zugegeben, oder aber, was besser ist, eine spezielle Milchkuvertüre hierfür ausgewählt.

Man unterscheidet, wie bei den Tafelschokoladen, eine Milchschokolade- und eine Sahneschokolade-Überzugsmasse. Sie können, wie die Tafelschokoladen, bestimmte Zusätze (Malzzucker, Nüsse u. ä.) erhalten, für welche hinsichtlich Menge und Art Anrechnungs- und Kennzeichnungsvorschriften bestehen. Der Zucker kann, was bisweilen geschieht, vor dem Vermischen leicht angeröstet werden.

Tafelschokoladen (Edelschokoladen, Milchschokoladen)

Mit der enumerativen Aufzählung der Tafelschokoladen in der Kakaoverordnung ist deren Sortenzahl nicht begrenzt. Für bittere Schokoladen (halbsüße, milde, zartbittere, mildbittere, herbe) ist ein Katalog von Sonderbestimmungen hinsichtlich der Zusammensetzung aufgestellt.

Für Edelschokoladen ist zur Bedingung gemacht, daß Edelkakaosorten mitverwendet werden. Dazu rechnen vornehmlich süd- und mittelamerikanische Herkünfte. Auch die Bearbeitung muß eine solche sein, daß das Endprodukt als ein qualitativ hochstehendes Fabrikat angesprochen werden kann.

Die Milchschokoladen machen das Hauptkontingent aus (etwa 70 % der Tafelschokoladen). Für den Milchgeschmack ist die fettfreie Milchtrockenmasse neben dem Milchfett wertbestimmend.

Im Geltungsbereich der Kakaoverordnung von 1933 beträgt der Milchfettgehalt mindestens 3,2 %, der nach den neueren Richtlinien auf 3,5 % erhöht werden soll.

Verwandt wird Milch- (Vollmilch- und Magermilch-) Pulver, Kondensmilch, Blockmilch. Die Verarbeitung von Frischmilch verbietet sich aus Kostengründen; für „milk-crumb“ indessen wird, wie beschrieben, eine Frischmilch genommen (Seite 69). Nach einer ähnlichen Methode wird in Schweden, der Schweiz und England eine Schokolade aus Frischmilch, Zucker und Kakaomasse hergestellt. Der Zucker wird in frischer Milch gelöst, diese Lösung im Vakuum bei 60° C zu einem Sirup mit 12 % Restfeuchtigkeit eingedickt und anschließend im Melangeur behandelt, nicht zu lange, um ein Ausfallen des Zuckers zu vermeiden. Bei erstem Anzeichen eines Zuckerkristallisats wird Kakaomasse zugegeben und die Masse im Melangeur weiterbehandelt, bis sie nur noch eine Restfeuchtigkeit von 1 % hat. Mit dem Zugeben restlicher Kakaobutter und dem folgenden Conchieren ist der Herstellungsprozeß einer weichschmeckenden Milchschokolade abgeschlossen.

Es ist allgemeines Verfahren, Milchpulver (Walzen- bzw. Sprühmilchpulver) zu verwenden, in Sonderfällen für Qualitätsschokoladen ist Sahne ein Massebestandteil.

Auch kann Magermilchpulver zusätzlich und an Stelle einer entsprechenden Menge Zucker hinzugefügt werden. Ein stärkerer Zusatz an Magermilchpulver macht die Schokolade teigig und spröde, da das weichmachende Milchfett fehlt. Ein Zusatz von 10 % wird schon aus geschmacklichen Gründen nicht überschritten, er liegt in der Regel weit unter dieser Höhe.

Die Milchbestandteile setzen den Flüssigkeitsgrad der Schokoladen sowie das Versalbungsvermögen der Kakaobutter herab. Der Gesamfettgehalt beträgt im allgemeinen 26—33 %, wovon der Kakaobutteranteil um 23 %, der Milchfettanteil um 6,5 % liegt. Bei hohen Kakaobutterzusätzen kann auch die Milchschokolade einen harten geschätzten Bruch annehmen.

Der Zuckeranteil bewegt sich bei Qualitätsmilchschokoladen um Werte von 45 %, nicht viel höher, um einen aufdringlichen süßen Geschmack zu vermeiden.

Die Milchschokoladen sollen einen frischen aromatischen Milchgeschmack aufweisen. Es wird eine Milchpaste aus Milchpulver, Kakaobutter und Staubzucker im Verhältnis 2 : 1 : 1 hergestellt, die gewalzt und der Schokolade in der Endphase des Conchierprozesses zugesetzt wird. Mit der guten geschmacklichen Note wird gleichzeitig Erhalt der Milchvitamine erreicht. Das Verfahren bildet, da es verteuernd wirkt, nicht die Regel. Will man eine Schokolade mit ausgeprägtem Milchgeschmack herstellen, wird Blockmilch genommen. Sie wird vor der Verarbeitung geraspelt, mit der für die ganze Charge benötigten Zuckermenge vermischt und in einem heizbaren Vakuumkneter entfeuchtet, ehe sie mit der Kakaomasse verrieben wird.

(Eine holländische Blockmilch hat nach Durchschnittsanalyse 12 % Fettgehalt, 27 % fettfreie Milchbestandteile, 45 % Zucker und 16 % Feuchtigkeit.)

Für Milchschokoladen werden würzige, säurearme Kakaobohnensorten gewählt, ihnen Venezuela-, Trinidad-, Arriba-Proveniencen in geringer Menge zugesetzt. Dies geschieht nicht nur aus geschmacklichen Gründen, sondern auch aus der Erwägung heraus, Eiweißfällungen, die bei dem Einbringen der Milchbestandteile in die saure Kakaomasse eintreten können, weitestgehend auszuschließen.

Nußschokoladen

Ein breites Kontingent nehmen die Nußschokoladen ein, welche die Nüsse in ganzer, gebrochener oder zerriebener Form enthalten. Die großen ganzen Kerne lassen sich mit den kleinen durch bloßes Einrühren in die Schokoladenmasse nur schwerlich gleichmäßig darin verteilen. Die Figur 48 zeigt eine Anlage, die unter Druck und Vibration eine gleichmäßige Durchmischung aller Teile erreicht, ohne daß die großen aufsteigen und die kleinen am Boden bleiben. Diese Anlage faßt eine Mischvorrichtung und einen Dosierbehälter mit einer Temperierschüssel und einer Abfüllmaschine zu einer Einheit zusammen.

Durch ein Fallrohr werden Nüsse über eine Vibrationsrinne der Waagschale einer automatischen Waage zugeführt. Sie ist mit der Dosiervorrichtung für die Schokoladenmasse verbunden und dergestalt gekoppelt, daß jeweils nach Durchfließen einer bestimmten Schokoladenmenge die Waagschale in die Mischvorrichtung ausgeleert wird. Es ist beider Mengenfluß automatisiert und aufeinander abgestimmt. Durch einen elektrischen Taster wird die Zufuhr der Beimischungen bei Überschreiten der Gleichgewichtslage des Waagebalkens unterbrochen.

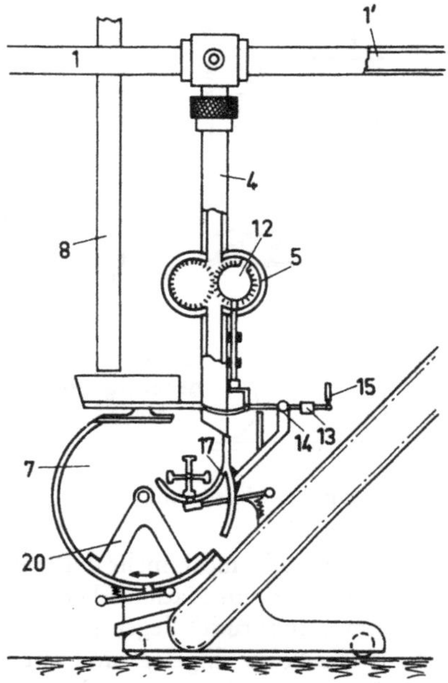

Fig. 48. Nußdosiervorrichtung

1 Masserohr
4 Zweigleitung
5 Dosiervorrichtung
7 Mischvorrichtung
12 Nockenrad
13 Gewichte
14 Waagebalken
15 elektrischer Taster
17 Vormischer
20 Pendelrührwerk

Im Mischbehälter erfolgt das Vermengen in zwei Bereichen, in der Vormischmulde mit einem umlaufenden Rührwerkzeug, im Nachmischer mit einem Pendelrührwerk; über eine Überlaufkante gelangt die Masse vom Vormischer in den Nachmischer. Der Vormischer hat einen steten kleinen Sumpfvorrat, wodurch ein Einrühren der Nüsse in die Schokolade erreicht wird. Im Nachmischer, der von einem heizbaren Wassermantel umgeben und großräumig ist, wird unter Entfernung der Luftblasen die Masse verrührt und an den Wänden entlang bewegt, wobei sie sich auf die Verarbeitungstemperatur erwärmt. Sie bleibt in dem doppelwandigen Mischgehäuse bis zum Ausgleich der Temperaturdifferenz beider Massestränge. Das fertige Gut wird über ein endloses Band, von dem es mittels Abstreifer abgenommen wird, der Abfüllmaschine zugeführt, auf dem Wege an einem Magnethalter vorbeigeführt, um metallische Teile fernzuhalten. Beimengungen und etwaige Verunreinigungen in der Schokolade werden vor dem Einleiten in den Dosierbehälter abgeschleudert. Dies geschieht in einem

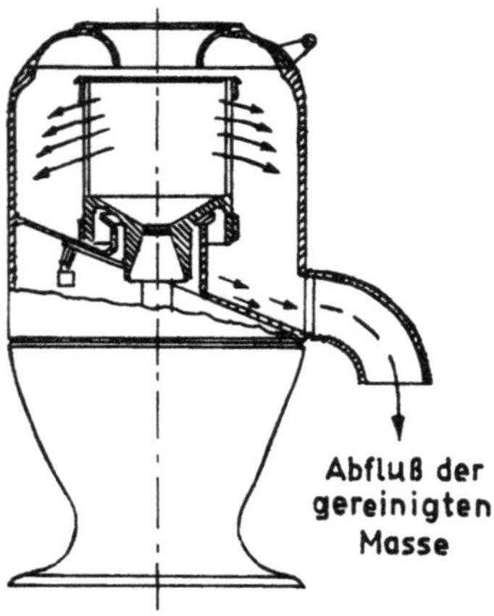

Fig. 49. Massereiniger

Massereiniger. Er besteht aus einem Siebkorb in einem mit einem Deckel verschließbaren Gehäuse und einer Siebtrommel. Sie läßt bei der Rotation die flüssige Schokolade hindurch und hält die Fremdteile zurück. Über eine Bodenschräge fließt die gereinigte Schokolade ab (Figur 49). Der Behälter ist elektrisch beheizbar, um die Schokoladenmasse verflüssigen zu können.

Es werden rundliche und keine spitzförmigen Nüsse gewählt, um zu vermeiden, daß Haselnußspitzen aus der Schokoladenmasse herausragen. Sie werden angewärmt. Kalte Nüsse würden die Schokoladenmasse an den Einlegestellen zum Erstarren bringen mit der Folge, daß die Schokolade nicht mehr luftfrei gemacht werden kann. Dem Verweilen des Mischgutes im Nachmischer kommt daher eine erhöhte Bedeutung zu.

Beim „Nußbruch" liegen ganze Nüsse massiert nebeneinander. Haselnüsse, die in die Form eingelegt und mit Schokolade überzogen werden, hängen in der Form und fallen bei Brechen der Schokolade heraus.

Auch für die Herstellung der Fruchtschokoladen, bei welchen es auf eine gute Verteilung und Dosierung der Zutaten ankommt, ist die beschriebene Anlage von Nutzen (Rosinen u. ä.).

Traubenzuckerschokolade

Die Kakaoverordnung sieht die Verwertung von Saccharose, technisch reinem, weißem Verbrauchszucker vor (§ 3 Abs. 1). In geringer Höhe sind Dextrosezusätze durch die neueren Bestimmungen, die EWG-Kakaorichtlinien, bis zu 20 % des Gewichts des Erzeugnisses Traubenzucker als Ersatz für Verbrauchszucker, für zulässig erachtet worden.

Das Herstellungsverfahren der Traubenzuckerschokolade weist einige Besonderheiten auf, da die Dextrose wegen ihres Kristallwassers (9,1 %) bei den üblichen Verarbeitungstemperaturen zur Klebrigkeit neigt, mit der Folge, daß die Schokoladenmasse verkrustet. Die Dextrose darf nicht höheren Erhitzungsgraden ausgesetzt werden, bei welchen ein Verlust des Kristallwassers eintritt. Das Kakaogut wird im üblichen Verfahren auf Walzen und in Conchen bearbeitet, mit den sonstigen Zusätzen (Milchpulver, Nüssen) versehen, die pulverförmige Dextrose erst zugegeben, wenn die Masse Feinststruktur erlangt hat und auf eine Temperatur von 35—45° C heruntergesetzt ist. Dies geschieht im Melangeur oder einer ähnlichen Vorrichtung, gegebenenfalls unter Zugabe von Kakaobutter. Es entsteht ein pastenförmiger Brei. Er wird durch Schleifen auf Walzwerken noch verfeinert, wobei es wichtig ist, den angegebenen Temperaturbereich um 40° C innezuhalten.

Die Kakaobuttermengen sollen 10 Gew.-Teile nicht überschreiten.

Die Schokolade mit einem Dextroseanteil von 50 % hat durchschnittlich 4,5 % Wasser in Form von Kristallwasser der verarbeiteten Dextrose, besitzt Bruchfestigkeit und zeigt auch bei erhöhter Lagertemperatur keinen Fettreif. Ein baldiges Eintafeln der Masse ist anzuraten, ein Temperieren nicht erforderlich.

Die Traubenzuckerschokolade besitzt wegen der geringen Süßkraft der Dextrose eine ausgeprägte kakaoaromatische Geschmacksnuance; der Traubenzucker wird ohne Belastung des Magen- und Darmkanals resorbiert.

Diabetikerschokolade

Für die Diabetiker-Schokolade wird statt des Verbrauchszuckers Sionon (Sorbit) genommen. Es ist ein süßschmeckender Stoff mit einem Schmelzpunkt von 54—59° C, der in die chemische Klasse der Zuckeralkohole gehört. Sorbit nimmt beim Erhitzen Wasser auf, und zwar um so eher, je höher die Temperatur ansteigt. Hierbei verfestigt sich Sorbit. Dem Verhalten des Sorbits ist das Herstellungsverfahren für die Diabetikerschokoladen angepaßt, wobei darauf zu sehen ist, Feuchtigkeit fernzuhalten. Das feinkernige Kakaogut wird mit den sonstigen Bestandteilen, Vollmilchpulver u. ä. im Melangeur vermengt, auf Walzwerken zerrieben, gegebenenfalls ein zweites Mal mit Zugabe von Kakaobutter, dann dieser pastenförmigen Masse der Sorbit Anteil hinzugesetzt. Hierbei ist ständig zu rühren, da ein Festwerden schon beim Ruhen der Masse eintritt, außerdem durch das Rühren eine weitgehende Vermischung der Bestandteile stattfinden soll. Dem Festwerden der Masse infolge der Eigenschaft des Sorbits wird auf verschiedene Weise vorgebeugt, u. a. dadurch, daß Sorbit mit einer feuchtigkeitsarmen Nußpaste vermischt wird. Diese konditionierte Pastenmasse mit einem Feuchtwert von 3 % wird mit Kakaomassefeinstgut und gegebenenfalls mit Kakaobutter bei niedrigen Temperaturen verarbeitet.

Diese beiden Schokoladen, Traubenzuckerschokolade und Sorbitschokolade, werden ohne ein eigentliches Conchier- und Temperierverfahren hergestellt, sind bruchfest und werden ausgeformt.

Borkenschokolade

Eine besondere Herstellungsmethode besteht für die Borken-(Milch-, Bitter-) Schokolade. Die Masse, die nach unmittelbarer Abnahme von der Walze fest wird, ist von dickflüssiger Beschaffenheit, sie wird temperiert und von der Walze, die mit niedriger Temperatur gefahren wird, mittels einer Querrinne, welche an die Walze längs gelegt wird, abgenommen. Die Querrinne ist durch

Querstreifen in kleine Felder eingeteilt. Durch entsprechende Weiteinstellung des Walzenpaares wird die gewünschte Dicke der Schokolade erreicht, die in lockeren Wellen in die Behälter der Rinne fließt und sich zu borkenähnlichen Schichten aufstaut.

Schokoladenplätzchen

Für das Ausformen ist nicht immer eine Masse mit gutem Fließvermögen erforderlich und geeignet. Das Conchieren erhöht das Fließvermögen. Für die Schokoladenplätzchen wird eine unconchierte und kakaobutterarme Masse genommen, die vor dem Einbringen in den Wärmeraum angefeuchtet ist und dadurch eine größere Zähflüssigkeit erlangt. Sie läuft aus einem beheizten Aufnahmebehälter über eine Walzenmatrize zur Siebstation, wird durch siebförmige Ausschnitte gepreßt und fällt in Form gleichmäßiger und zäher Schokoladenpfropfen auf eine Blechunterlage. Im Rhythmus des Abpressens wird die Unterlage gegen die Austrittsöffnungen angehoben und nach Vollzug des Ausstoßes im gleichen Rhythmus zur Bestreustation weiterbefördert, in welcher die Plätzchen mit den üblichen Liebesperlen übersät werden. Die zähflüssige Masse, die mit einer Temperatur von etwa 60° C abgepreßt wird, sieht nach dem Festwerden glanzlos aus.

Kakaobutterarm sind auch die Massen für die Bitter-Pastillen, die in runde Formen gegossen und anschließend dragiert und geglänzt werden. Da die Formen kleindimensioniert sind, ist eine leichte Verteilbarkeit der Masse in den Formen nicht erforderlich.

Das Temperieren —
Das Zweistrom-Umlaufverfahren (Sollich)

Für das Aussehen der Schokoladen ist der Temperaturgrad, bei welchem die Massen ausgeformt werden, sowie die Bearbeitung vor dem Vergießen von wesentlicher Bedeutung. Die Massen werden temperiert, um sie mit Impfkristallen anzureichern, auf daß die Schokoladenwaren, nachdem sie in ihre Formen ausgegossen sind, ohne Unterkühlung in einer kurzen Zeit unter Ausbildung kleinster stabiler Kristalle fest werden.

Das Erstarren der Kakaobutter ist ein Kristallisationsvorgang; hierbei tritt eine Erstarrungswärme auf, die pro Kilogramm Schokolade durchschnittlich 35 kcal beträgt.

Das Temperieren bedeutet eine Vorbereitung des Erstarrungsvorganges. Hierbei kommt es darauf an, daß die Kristallisation der Kakaobutter in der flüssigen Schokolade eingeleitet wird, ehe sie in ihre endgültige Form gebracht wird. Wenn viele kleine Kristalle sich ausbilden sollen, müssen viele Impfkristalle vorhanden sein. Beim Erstarren sollen Keime in so großer Zahl in der Schokoladenmasse sein, daß sie in der Schmelze bald keine Nahrung mehr finden und nur zu kümmerlich ausgebildeten Kristallen sich entwickeln können. Umgekehrt werden aus der Masse um so größere Kristalle wachsen, je weniger Kristallkeime vorhanden sind, und je geringer die Bildungsgeschwindigkeit neuer Kristallkeime gegenüber der Wachstumsgeschwindigkeit der vorhandenen Einzelkriställchen ist. Bei geringer Unterschreitung der Erstarrungstemperatur hat das Wachstum den Vorrang, bei starker Unterkühlung tritt die Bildung neuer Zentren in den Vordergrund, es entsteht ein feinkristallines Aggregat. Eine wohltemperierte Kuvertüre soll 3—5 % Keime enthalten, Tafelschokoladen sollen vor dem Ausformen einen höheren Prozentsatz an Keimen aufweisen.

In Kleinbetrieben wird nach der Kühltischmethode die Schokoladenmasse geimpft. Ein Teil der flüssigen Schokolade wird auf einer kalten Marmorplatte mit geraspelter Schokolade vermengt, dann, wenn er plastische Konsistenz angenommen hat, mit dem Hauptteil der untemperierten wärmeren Masse verrührt.

Es ist das Grundprinzip der Temperiermaschinen, an unterkühlten Flächen Erstarrungskeime entstehen zu lassen, und sie ständig der warmen Schokolade unterzurühren. In den tellerförmig ausgebildeten Maschinen, die mit einem heizbaren Wassermantel ausgestattet sind, wird die Masse durch schaufelartig ausgebildete Rührflächen bewegt, durch Lenkflächen in bestimmte Umlaufbewegungen gebracht. An den Kühlwandungen entstehen Kakaobutterkriställchen, die fortlaufend abgestreift und in die strömende Masse höherer Temperatur untergerührt werden (Figur 50). Es kann vorkommen, daß die Masse an den Kühlwandungen der Maschine „anfriert“, während die Masse in der Trogmitte noch dünnflüssig ist. Es wurde zu schnell gekühlt und der Masse nicht genügend Zeit gelassen, auch im Innern die Kühltemperatur anzunehmen. Es ist auf eine Gleichmäßigkeit der Temperatur in der gesamten Schokoladenmasse zu achten, um ungleichmäßige Fettkristallbildung auszuschließen.

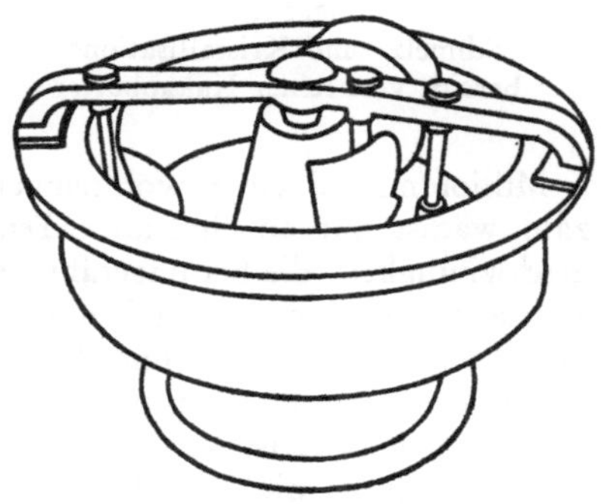

Fig. 50. Temperierschüssel

Das Rühren ist wichtig und wirkungsvoll, weil dadurch das Kristallaggregat gleichzeitig in zahlreiche kleine Teile zertrümmert und in dieser Feinstruktur der Masse untergepflügt wird.

Der Temperiergrad hängt von der Zusammensetzung der Masse, von dem prozentualen Anteil der Kakaobutter und dem Vorhandensein eines anderen Fettes (Milchfettes) ab.

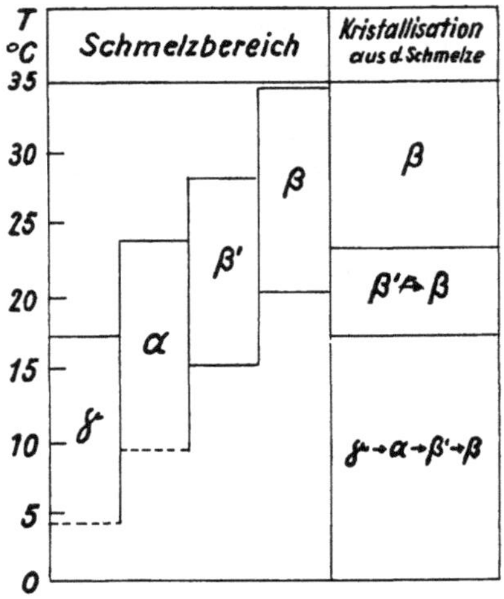

Fig. 51.
Schmelz- und Kristallisationsbereich von reiner Kakaobutter

Die Kakaobutter hat die Eigenschaft, nicht nur in einer Form, in einer Modifikation zu erstarren, sondern je nach obwaltenden Temperaturen verschiedene Kristallstrukturen auszubilden. Die Kakaobutter neigt zur Polymorphie wie kaum ein anderes Fett. Man unterscheidet die Alpha (α)-, die Beta (β)- und die Beta-eins- sowie die Gamma (γ)-Form. Die Verschiedenheit der Modifikationen zeigt sich in den verschiedenen Schmelzpunkten. Die Schmelzpunkte sind für die Gamma-Form 18° C, für die Alpha-Form 23,5° C, für die Beta-eins-Form 28° C und für die Beta-Form 34,7° C. Für die Kristallform ist der Temperaturgrad, bei dem die Bildung der Keime stattfindet, ausschlaggebend. Deren Zahl ist recht groß und wahrscheinlich mehr als 1 Million/ml bei einer wohltemperierten Schokolade. Die Keimbildungszahl wächst mit abnehmender Temperatur, ebenfalls die Kristallisationsgeschwindigkeit, die bei ungefähr 18° C ein Maximum erreicht. Je nach den Versuchsbedingungen entstehen Kristalle mit unterschiedlichen Kristallformen, wobei die Schmelz- und die Kristallisationsbereiche von reiner Kakaobutter einander überlappen. Dies zeigt das Schema 51. Es fallen die beständigen Beta-Kristalle auch noch in einem Temperaturbereich an, in welchem bereits die kristalline Beta-strich-Form sich bildet, und, weitergehend, Alpha-Kristalle entstehen in einem Temperaturbereich zwischen 23,5 und 8° C, in welchem sowohl die Beta-strich-Kristalle (bei höheren Graden) als auch die Gamma-Kristalle (Modifikationen bei tieferen Graden) anfallen.

Die Gamma-Form erstarrt glasig, während die anderen Modifikationen ein kristallines Gefüge aufweisen. Diese vier Modifikationen haben eine verschiedene Kristallisationsgeschwindigkeit und Beständigkeit. Die niedrig schmelzenden Formen sind die instabilen, sie wandeln sich in gewisser Stufenfolge in die stabile Beta-Form mit dem höchsten Schmelzpunkt um. Die unbeständigen Modifikationen werden bei tieferen Temperaturen gebildet, bei welchen die Diffusion der langkettigen Molekeln in einem durch die Temperatur verlangsamten Tempo vor sich geht, wenn nicht gar durch die niedrige Temperatur das Ordnungsstreben zu einem geordneten dichten Kristall „eingefroren“ und damit der Ungleichgewichtszustand fixiert ist.

Dem physikalischen Verhalten der Kakaobutter sind die Temperierverfahren angepaßt. Die modernen Maschinen weisen mehrere Kühlzonen auf. Die Strichbildskizze einer vollautomatischen Temperiermaschine besitzt Stufen für eine Vorkühlung und eine Unterkühlung mit anschließender Ausgleichsstufe (Figur 52). Die zwischen 40 und 50° C aufgegebenen Schokoladenmassen werden in der ersten Stufe von der im Tank obwaltenden Temperatur heruntertemperiert und in der zweiten Stufe auf eine Temperatur gebracht, die etwa 1—2 Grade unter der Verarbeitungstemperatur liegt. In der dritten Stufe wird die Masse auf die Verarbeitungstemperatur angewärmt. Die war-

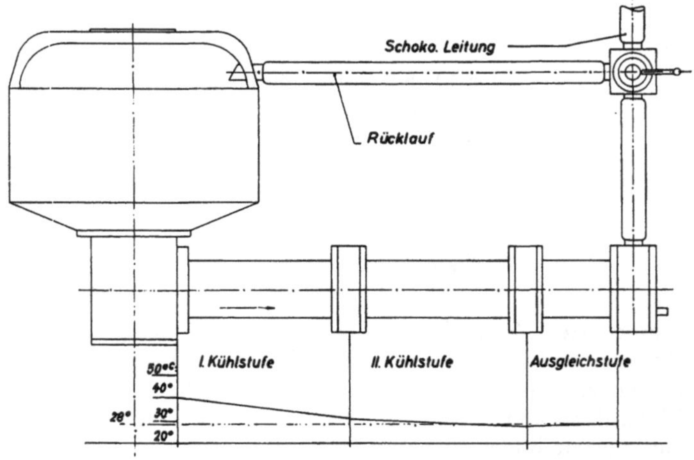

Fig. 52. Temperiermaschine (Temperaturverlauf in der Maschine) - Fa. Rasch -

men Schokoladenmassen werden durch eine Förderschnecke an Kühlplatten, an der inneren Oberfläche der Temperierstufen vorbeigeführt. Es bilden sich bei Abkühlung der warmen Schokolade Kakaobutterkriställchen, bei Unterschreitung der 28-Grad-Grenze auch solche der unbeständigen Beta-eins-Form. Diese instabilen Kriställchen lösen sich aber, wenn die Masse auf Gießtemperatur erwärmt wird, wieder auf, so daß nur die gewünschten beständigen Keime übrig bleiben. Mit dem Ansteigen der Temperatur in der Ausgleichstufe wird der Kristallisationsvorgang unterbrochen.

Man kommt wegen der geringen Kristallisationsgeschwindigkeit der Kakaobutter ohne kurzfristige Unterkühlung nicht aus. Die optimale Kristallisationstemperatur ist nicht die Verarbeitungstemperatur. Eine Masse, die mit 50° C aus dem Vorratsbehälter genommen und mit Kühlwasser von 32° C gekühlt wird, nimmt zwar in Kürze diese Temperatur an, ist aber selbst nach zwölf Stunden bei dieser Temperatur noch nicht gießfertig, d. h. in

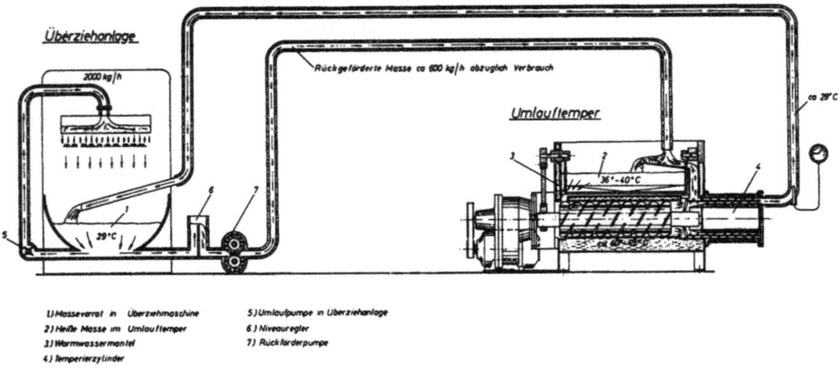

Fig. 53. Sollich-Umlauf-Temper
1 Massevorrat in Überziehmaschine
2 heiße Masse im Umlauftemper
3 Warmwassermantel
4 Temperierzylinder
5 Umlaufpumpe in Überziehanlage
6 Niveauregler
7 Rückförderpumpe

einem temperierten Zustande mit der gewünschten Menge stabiler Impfkeime. In einer temperierten Schokolade sind die stabilen Keime in außerordentlich hoher Zahl vertreten, so daß die Kristalle der stabilen β-Form sich bald berühren und nur wenig wachsen können. Eine Masse mit hohem Kakaobuttergehalt bildet eine größere Menge Kakaobutterkriställchen aus als eine solche mit geringerem Kakaobuttergehalt. Daher sind die Temperiergrade einer Schokolade 70/30 andere als von einer Schokolade 35/65. Eine Masse 70/30, die 70 % Kakaobestandteile enthält, wird nicht mal bis 28° C, oder gerade nur bis 28° C herabtemperiert. Für die hellen Milch- und Sahneschokoladen liegen die Temperiergrade unter denen der dunklen Schokoladen (um 1—2 Grade). Die Keimbildung in Gemischen von Kakaobutter und Butterfett ist geringer als in reiner Kakaobutter, so daß diese Fettgemische tiefer temperiert werden müssen, um eine genügende Zahl von Keimen auszubilden.

Das Ausmaß der Kakaobutterkristallbildung hängt außerdem von der Geschwindigkeit ab, mit welcher die Schokoladenmassen die Temperieranlage passieren. Die Durchgangszeit, die in Beziehung zu dem regelbaren Getriebe und der Umlaufsgeschwindigkeit der Förderschnecke steht, kann nur in ungefähren Grenzen angegeben werden, es genügen bisweilen 60 Sekunden, sie ist in der Regel höher und abhängig von der Zusammensetzung der Masse. Eine gewisse Durchstromgeschwindigkeit ist einzuhalten, um gute Wärmeaustauschbedingungen zu erzielen und das Ansetzen von Schokoladenschichten zu vermeiden.

Die Automatik der Temperiermaschine ist auf die Innehaltung der eingestellten Temperaturen, unabhängig von den Änderungen der Schokoladenfördermengen ausgerichtet. Die Maschine Figur 53 hat einen Rücklauf für den Fall einer Stauung und des Einlaufens der Maschine zu Betriebsbeginn. Ihre Stundenleistung liegt bei 2000 kg.

Zu langes Temperieren führt zum „übertemperierten" Zustand, in dem ein überhöhter Gehalt an verfestigter Kakaobutter sich befindet. Die Masse erhärtet zu schnell, die Gießzeit ist verkürzt. Dies tritt besonders dann ein, wenn die Schokoladenmasse vor ihrer Verarbeitung zu lange im Umlauf ist oder von der Überziehmaschine als größerer Teil in den Rücklauf kommt, wie es bei der Pralinenherstellung üblich ist.

Die Skizze Figur 53 verdeutlicht das Umlaufverfahren mit Zweistromtemperierung. Es beruht darauf, daß ein Teil der umlaufenden Überzugsschokolade abgezogen, enttemperiert, dann neutemperiert und im Rundlauf der Verbraucherstelle, der Überziehmaschine, ein weiteres Mal, zusammen mit neuer aufgegebener temperierter Masse, zugeführt wird (Sollich-Verfahren). Diese Temperieranlage besitzt einen Vorratsbehälter, eine Mischkammer sowie als Auffangbehälter für die unverbrauchte Schokolade die Wanne der Überziehmaschine; sie sind durch Rohrleitungen miteinander verbunden. Der Vorratsbehälter wird mit warmer Masse gefüllt, deren Temperatur durch ein elektrisch beheiztes und thermostatisch kontrolliertes Wasserbad geregelt ist. Sie wird mit einer Temperatur von 36—40° C aufgegeben. Es strömt aus der Auffangwanne rückgeförderte Masse zu, die aufgeteilt wird. Ein Strom ergießt sich in den warmen Vorratsbehälter, der andere Strom über die gabelförmige Auffangvorrichtung durch eine Sammelrinne in die Mischkammer. Die Kakaobutterkriställchen im ersten Massestrom werden infolge der Temperatur im Massebad aufgeschmolzen. Zwei Masseströme fließen in der Mischkammer zusammen; sie werden nach ihrer Vermengung über Kühlsäulen geleitet, neu temperiert und auf die gewünschte Verarbeitungstemperatur eingestellt. Das Anteilverhältnis von temperierter, aus dem Behälter des Überziehkastens stammender Masse und von untemperierter, aus dem Vorratsraum stammender Masse ist etwa gleich und unabhängig voneinander regelbar. Die frisch temperierte Masse wird über ein Steuerelement dem Massekasten der Überziehmaschine zugeleitet.

Ein Niveauregler, der in die Zuführleitung eingebaut ist, sorgt nach dem Prinzip der kommunizierenden Gefäße dafür, daß der Massespiegel der Wanne unverändert und unabhängig vom Masseverbrauch konstant bleibt. Durch automatisches Einschalten einer Speisepumpe wird auch der Massestand des Vorratsbehälters kontrolliert und auf konstanter Höhe gehalten. Vom Armaturenbrett des Umlauftempers kann die Temperatur aller Einzelaggregate überwacht werden. (Massebehälter, Ummantelung der Förderschnecke, ummantelte Schokoladenleitungen.) Eingebaute Temperaturfühler regeln mit ihren Kontakten den Masseumlauf. Die Masse wird im Zweistromumlauftemper verjüngt, eine Verdickung der Masse mit dem Anlegen eines neuen Keimbettes verhindert. Nach diesem Verfahren wird ein übertemperierter Zustand, der mit der steten Ausbildung von Kakaobutterkristallen einhergeht, vermieden, auch die Sprüheigenschaft der Schokolade verbessert.

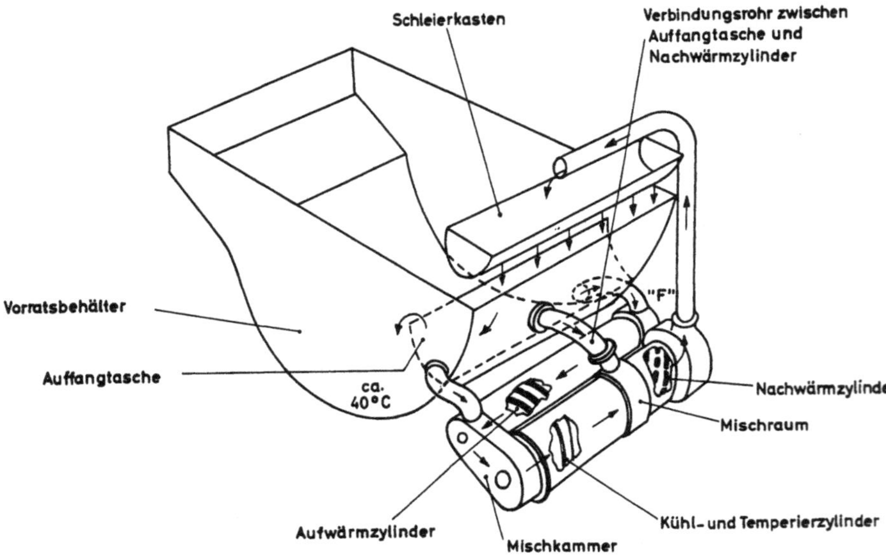

Fig. 54. Sollich-Aggregat in Überziehmaschine

Den Umlauftemper als Bestandteil der Überziehmaschine mit Vorratsbehälter, Aufwärmzylinder, Temperierzylinder, Mischkammer, Auffangtasche, Nachwärmzylinder und Überziehraum mit Schleierkasten zeigt Figur 54 in einer Strichbildskizze, die des Zusammenhanges wegen an dieser Stelle gebracht, im praktischen Einsatz bei Abschnitt: „Überziehen von Einlagen" (Seite 120) erwähnt wird. Der Vorratsbehälter, der mit einem Pendelrührwerk versehen ist, nimmt die untemperierte Schokolade auf, entsprechend dem Verbrauch wird Masse fortlaufend durch eine Speisepumpe, die durch einen Niveauschalter automatisch gesteuert wird, nachgefüllt, die Masse gelangt über eine Aufwärmschnecke in den Temperierzylinder, an dessen Heizflächen sie in einem schmalen Ringspalt vorbeigleitet, so daß alle Kakaobutterkristalle aufgeschmolzen werden; über den Weg des Aufwärmzylinders gelangt die Schokolade in die Mischkammer, die gleichzeitig temperierte

Schokolade aus der Auffangtasche aufnimmt. Es ist Überzugsmasse, die vom Tunkkasten kommt und unterhalb des Gitterbandes aufgefangen wird. Durch das Mischen von temperierter Schokolade (etwa 30° C aus dem Masseumlauf) und von untemperierter Schokolade (etwa 40° C aus dem Zulauf) wird bei gleichen Anteilen eine Mischtemperatur von etwa 35° C erreicht. Die Masse passiert einen Temperierzylinder, in dem sie, wenn es dunkle Kuvertüre ist, auf 28—29° C, wenn es Milchkuvertüre ist, auf 27° C herabtemperiert wird. Der Temperierzylinder besitzt an seinem Ende einen Mischraum, der diese frisch unterkühlte Masse aufnimmt, gleichzeitig mit temperierter Masse aus dem Auffangkasten beschickt wird. Beide Massen, wiederum in gleichen Anteilverhältnissen, werden im Mischzylinder miteinander vermengt und auf die endgültige Verarbeitungstemperatur erwärmt. Sie liegt bei dunkler Kuvertüre bei 30—31° C, bei heller Milchkuvertüre zwischen 28 und 29,5° C. Eine regelbare Klinkenpumpe fördert die gesamte Masse in den Schleierkasten. Die Stundenleistung liegt bei 500 kg untemperierter Schokolade, die in den Temperierkreislauf gelangen können.

Mit dem Abzweigen eines Teiles des umlaufenden Schokoladenstromes, seinem Enttemperieren und Neutemperieren, dem Vermischen dieses vorbehandelten Teiles mit untemperierter warmer Masse und dem folgenden Erwärmen auf die Verarbeitungstemperatur ist das Charakteristikum des neuen Verfahrens gekennzeichnet.

Der Temperiergrad, bei welcher die Masse verarbeitet wird, ist nicht in allen Fällen derselbe, er liegt, wenn die Überzüge dünnschichtig ausfallen sollen, und eine fettreiche Kuvertüre gewählt wird, bei 32 und 33° C.

Das Temperieren bedeutet, Fettkristalle als Impfkristalle in einer Zone der Unterkühlung zu bilden. Je tiefer die Temperaturgrade der unterkühlten Zone liegen, um so höher ist der Anteil der Fettkriställchen.

Drucktemperierung

Ein neuzeitliches Verfahren arbeitet nach dem Grundsatz der starken Unterkühlung unter hohen Drücken bei gleichzeitiger starker Umwälzung der Schokoladenmassen. Die Vorrichtung besteht aus einem Druckbehälter in Gestalt eines Engspaltwärmeaustauschers mit rotierenden Abstreifleisten (Figur 55). Dem Druckbehälter, der temperaturregulierbar ist, wird aus einem Speicher die Schokoladenmasse mit einer Temperatur von etwa 45° C zugeführt und in dem Behälter in recht kurzer Zeit auf eine Temperatur von etwa 23° C herabtemperiert. Der Druckkühler besteht aus einem zylindrischen Mantel mit einer Mittelachse, der Mantelraum ist von einem zweiten Mantelteil umschlossen, um einen Zwischenkanal für die Kühlzone zu schaffen. Dem Mantelraum liegen auf einer Welle befestigte Abstreifer an. Um ein schnelles Fließen der Masse zu erreichen und ein Festwerden auszuschließen, sind hohe Druckleistungen (15—20 atü) nötig, die eine Pumpe erzeugt, welche zwischen Speicher und Druckkühler eingebaut ist. Die Masse wird durch die Abstreifer in eine turbulente Bewegung versetzt, die Kakaobutterkriställchen werden nach ihrer unmittelbaren Bildung von der Kühlfläche abgestreift. Wegen der tiefen Temperatur bildet sich eine Vielzahl kleinster Kriställchen aus, die die Zentren kleiner Kristalle bleiben.

Die Schokoladenmasse muß nach dem Verlassen des Kühlzylinders der unmittelbaren Verarbeitung zugeführt werden, wenn sie nicht erstarren soll. Die Masse ist im Gegensatz zu dem herkömmlichen Verfahren unterkühlt

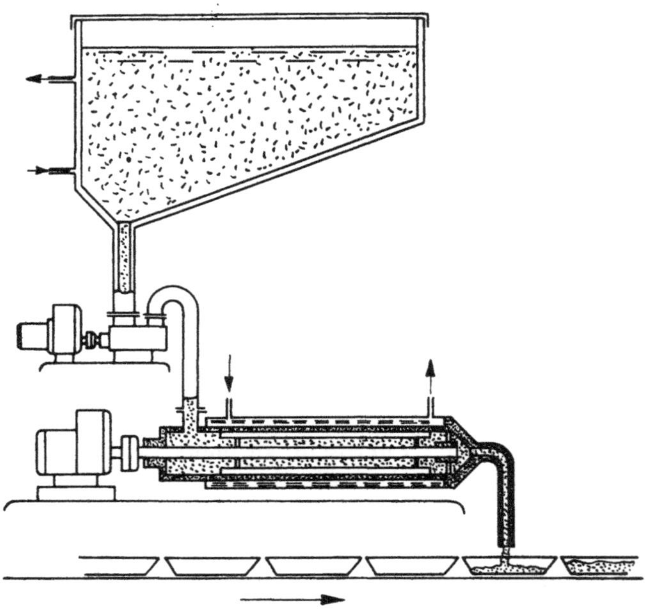

Fig. 55. Druck-Temperieranlage

(etwa 22° C), sie enthält in ausreichender Menge und in gleichmäßiger Verteilung fettreifresistente Kakaobutterkristalle, die mit den veränderten Bedingungen ihrer Entstehung auch andere physikalische Eigenschaften besitzen. Sie wird schnell fest und kann wegen ihrer schnellen Verfestigung von flächigen Gebäckstücken nicht aufgesogen werden. Dies gilt auch in umgekehrter Folge: aus den fetthaltigen Gebäcken können keine Fettbestandteile in die Kuvertüre eindringen und sie stumpf machen. Dies ist für die Warenbeschaffenheit bedeutungsvoll. Fette, wenn sie flüssig sind, mischen sich miteinander. Es findet eine Fettwanderung aus dem Gebäck oder aus ölhaltigen Einlagen in die Überzugskuvertüre statt, und zwar in um so größerem

Ausmaße, je höher die Temperatur und je größer der flüssige Anteil gegenüber dem festerstarrten Fett ist. Die Fettwanderung, die physikalisch eine Diffusion darstellt, hängt außer von der Temperatur von dem Gefüge der Einlage ab (Gebäck, Nugat u. ä.). Sie vollzieht sich bei Gebäcken mit geringer Gebäckdicke stärker als bei Backwaren mit geschlossener Außendecke, bei Mürbekeks früher, bei Hartkeks später oder, in anderen Beispielsfällen, bei ölhaltigen Kernmassen (Nugat u. ä.) eher als bei fettarmen festen Einlagen. Das Mattwerden der Nugatpralinen und Marzipanpralinen ist auf diesen Umstand zurückzuführen. Die Fettwanderung findet, wenn zwar in geringerem Ausmaße, auch während der Lagerzeit statt, falls Konzentration und Zusammensetzung der Fette hierfür geeignete Bedingungen ergeben.

Hinsichtlich der Verfahrensprinzipien drängt sich ein Vergleich der Druckkühlervorrichtung auf dem Schokoladensektor mit der Fondanttabliermaschine auf dem Süßwarensektor auf. Die Fondanttabliermaschine arbeitet ebenfalls nach den Prinzipien des Auskühlens und des Reibens. In dieser Maschine wird eine hocheingekochte Zucker-Sirup-Lösung heruntergekühlt, mittels eines Schlagflügelwerkes umgewälzt und gegen die gekühlten Wandungen geschleudert. Dadurch wird das Auskristallisieren des Zuckers unter Bildung eines feinen Kristallschlamms beschleunigt.

Die Schokolade besitzt ein arteigenes Gefüge von aneinandergereihten und miteinander verzahnten Kakaobutterkriställchen, die bei bestimmten Temperaturgraden noch von flüssiger Kakaobutter umschlossen sind. Bei 25° C ist der flüssige Kakaobutteranteil noch nennswert, er nimmt mit fallender Temperatur progressiv ab. Als analoges Beispiel kann mit gewisser Berechtigung das Butterfett genannt werden, in welchem feste Fettkügelchen vorliegen, die je nach den Erstarrungsbedingungen vom flüssigen Butterfett umschlossen sind.

Die Kakaobutter behält ihre glatte Oberfläche und die Schokolade ihren Glanz, wenn die Butter in der stabilen Form erstarrt ist. Eine Unebenheit der Oberfläche ergibt sich bei unrichtiger Temperierung aus der Umwandlung der Modifikationen. Jede Modifikation besitzt eine spezifische sternförmige oder schneeflockenartige, nadelförmige Struktur mit unterschiedlichem Volumen. Die Figur 56 zeigt Nadeln der stabilen Kristallform. Es sind glänzende Sphärolite, von denen die größeren in einem langsamen Wachstumsvorgang entstanden sind.

Fig. 56.
Kristallnadeln der stabilen Kakaobutterform

Die unbeständigen Kristall-Modifikationen haben bei ihrer Umwandlung in die beständige Form das Bestreben zur Raumverkleinerung. Es sind molekularenergetische Kräfte, die das Kristallgefüge verändern und an den Kristalländerungen sichtbar werden. Sie machen mit der Raumverkleinerung die Schokolade rissig, torfig. Die Risse bilden sich nicht deshalb, weil die Kakaobutter im Innern und in den Außenpartien der kakaofetthaltigen Massen verschieden stark abkühlt und daher Spannungen auftreten wie etwa, um in das Seifengebiet überzugreifen, im Falle der Kernseife. Der Seifensud kühlt ab, der Seifenkern bildet sich über der Seifenlauge, die später unter Volumenverminderung abkühlt, wobei die nicht ganz erhärtete obere Seifenkernschicht sich der verkleinerten Grundfläche anzupassen sucht und eine wellige Oberfläche annimmt.

Die Umwandlung in die stabile Modifikation, der Übergang der vorletzten (Beta-eins) zur letzten (Beta) Stufe kann, wenn Zimmertemperaturen vorherrschen, einige Minuten bis zu einem Monat dauern und ist von der Zahl der anwesenden Keime abhängig. Die Oberfläche wird stumpf, da in ungeordneter Folge Kriställchen neben Kriställchen liegen. Das Wachstum der Kriställchen beim Fettreif läßt sich am ehesten mit einem neu angelegten Rasenfeld vergleichen, auf welchem zuerst nur vereinzelt Halme hervorbrechen, um dann nach und nach zu einer geschlossenen Rasendecke zusammenzuwachsen.

Fettreif — Zuckerreif

Zur Erklärung des Fettreifs sind verschiedene Theorien aufgestellt worden, von denen im folgenden die beiden wichtigsten erwähnt werden sollen. Bei dem Erstarren der Kakaobutter wachsen die Fettmoleküle unter Ausbildung eines Kristallgitters zu einem Kristall zusammen. Das Kristallgitter wird durch die Abstände der molekularen Bestandteile bestimmt und ist nach den drei vorkommenden Fettsäuren unterschiedlich. Nach vorherrschender Meinung sind die Hauptmengen in runden Zahlen

25—30 % Palmitinsäure,
32—37 % Stearinsäure,
30—36 % Ölsäure.

Bei der Fettreifbildung erfolgt eine Umschichtung der Fettsäuren, eine Anreicherung gesättigter Glyzeride im Kristall, eine Ausbildung eines Kristalls, in dem die gesättigten Fettsäuren im Vergleich zu anderen Kakaobutterkristallen überhöht sind. Im Kakaobutterkristall finden Entmischungsvorgänge statt. Die Fettreifbildung beginnt mit einem Tropfen ohne stabile Keime, sie entstehen erst nach gewisser Zeit, hierbei wächst der Kristall zu beachtlicher Größe an.

Eine andere Theorie besagt, daß in gewissen Temperaturbereichen nur in Höhe bestimmter Anteile die Komponenten mischbar sind und im festen Zustand als Kristall erhalten bleiben. Es bestehen Mischungslücken, in denen es nicht zur Ausbildung stabiler Kristallstrukturen kommt. Die Kakaobutterkristalle, die innerhalb der Mischungslücken entstanden sind, wollen ihre Daseinsform verändern und zeichnen sich durch ihre Neigung zu einer Umschichtung aus, welche zu einer Formveränderung führt. Es sind Schmelzdiagramme von Kakaobutterkomponenten mit unterschiedlichem Ölsäuregehalt aufgestellt und die Ergebnisse in Mischkristall-Eutektika zusammengefaßt worden, um diese Theorie zu erhärten. Nähere Einzelheiten finden sich in einer Zusammenfassung aller Theorien in Fachzeitschriften, auf die verwiesen wird*.

Ein Fettreif kann als Ursache unsachgemäße Lagerung, insbesondere Temperaturwechsel während der Lagerung haben. Die Kakaobutter kommt durch Wärme zum Schmelzen, beim Abkühlen bildet sich nicht die ursprüngliche feinkristalline Schicht aus, sondern eine graue bröcklige kompakte Masse, die aus großen Kristallen besteht.

Der Zuckerreif, der bei Schokoladen weniger häufig als der Fettreif auftritt, ist von sandiger Beschaffenheit und stellt eine Zusammenballung von Zuckerkristallen dar. Der feinkörnige Zucker wird infolge der Feuchtigkeitsschwankungen gelöst und wieder kristallin. Es bildet sich infolge der Langsamkeit ein grobkristallines Korn aus. Je feinkörniger der Zucker in der Schokolade ist, um so eher erfolgt die Umwandlung. Die Voraussetzungen für die Zuckerkristallumwandlungen sind bei Schokoladen gegeben, die fettarm sind oder eine ungünstige äußere Kakaobutterkristallschicht besitzen und Feuchtigkeit aus der Umgebung aufnehmen, oder bei Kuvertüren, welche vor oder während ihrer Verarbeitung feucht geworden sind. Häufige Ursache des Zuckerreifs ist eine Feuchtigkeitsaufnahme nach unmittelbarem Auftragen des Schokoladenüberzuges, wenn die Stücke mit niedriger Temperatur den Kühlkanal verlassen und zur Verpackungsstation gelangen, die ohne Zufuhr konditionierter Luft ist. Die Waren beschlagen noch vor dem Verpacken.

Fettglasuren

Es entfällt die Sorgfaltspflicht der genauen Temperierung bei Fettglasuren, die fettreifresistent sind und zum Überziehen von Konditoreierzeugnissen dienen. Sie enthalten gehärtete Fette (Fremdfette) sowie Kakaopulver und Zucker. Die hydrierten Pflanzenfette (Erdnußfett, Kokosfett) werden auf einen Schmelzpunkt von 33—36° C gehärtet, um in der Verarbeitung ähnliche Voraussetzungen zu schaffen, wie sie bei der Kuvertüre bestehen. Sie sind im Fettgehalt der handelsüblichen Schokoladen-Überzugsmasse mit Mittelwerten um 30 %, mit Höchstwerten um 50 % angenähert. Der Kakao-

* S. V. Vaeck: Fette, Seifen, Anstrichmittel, Jahrgg. 62 (1960), S. 709, Jahrgg. 63 (1961), S. 736. Robert Whymper: Confectionery Production, January 1963, p. 54 ff., p. 113 ff.

pulveranteil bewegt sich zwischen 20—30 %, ausreichend hierfür ist stark entölte Ware.

Einem Vermischen der Bestandteile folgt ein Verreiben im Melangeur oder auf dem Walzwerk und nach Zugabe der Fettbestandteile ein Conchieren. Als vorteilhaft hat sich erwiesen, die Festbestandteile in einem besonderen Verfahren vor der Zugabe der Fettbestandteile auf die gewünschte Feinheit zu bringen. Das Zermahlen kann auch in einer Turbomühle erfolgen, wenn die Fremdglasur einen niedrigen Fettwert hat (10—12 %), um Verschmierungen der Mühle auszuschließen.

Gießen und Formen der Schokoladenmassen

Nach den Behandlungsstufen des Walzens, Conchierens und Temperierens kann die Schokoladenmasse zu massiven Tafeln, Figuren, Hohlkörpern vergossen, für die gefüllten Schokoladenwaren und die Pralinen je nach Verwendungszweck in der Zusammensetzung variiert, mit Zusätzen versehen und ausgeformt werden. Das gilt innerhalb der Rechtsnormen und der Leitsätze und Begriffsbestimmungen, die für diese Erzeugnisse subsidiär erlassen sind.

Der Kakaobutteranteil bestimmt das Fließverhalten oder die Viskosität der Schokolade, er ist entscheidend dafür, wieviel Überzugsmasse auf der Einlage haften bleibt, mit welcher Geschwindigkeit sich die Masse verteilt, mit welcher Fördergeschwindigkeit die Kuvertüre durch Rohrleitungen fließt. Das Fließverhalten hängt außerdem von der Teilchengröße und dem Feuchtwert ab. Wasserzusatz führt zu einem Viskositätsanstieg, macht die Masse dick.

Die temperierte Schokolade muß zu den Verbrauchsstellen gefördert werden; sie wird unter Druck durch Rohrleitungen gepreßt, wobei der Preßdruck von der Länge der Rohrleitungen abhängt und mit der Länge zunimmt. An den Rohrwandungen sind dünne Grenzschichten, insbesondere bei fettarmen Massen, in langsamer Bewegung; der Kern gleitet auf einem immer träger werdenden Polster, dessen Grenzschichten allmählich zum Stillstand kommen. Der Reibungswiderstand wächst mit der Viskosität der Masse. Die Temperatur steigt um ein weniges an; dieser Temperaturanstieg bewirkt ein Auflösen von Kristallen, zuvörderst der unbeständigen Butterkristalle.

Die Tafelschokoladen stellen ein Hauptkontingent in der Schokoladenfabrikation dar. Die temperierte Schokolade wird mittels Gießmaschine in Formen, die auf einem endlosen Kettenband umlaufen, gefüllt, die gefüllten Formen über Klopfbahnen geleitet, durch Kühlzonen gefördert und in der Austafel-Anlage ausgeworfen. Die Gießmaschine gibt Masse nach einem festeingestellten Gewicht diskontinuierlich oder in einem ununterbrochenen Fluß ab (Bandguß- und Punktgußverfahren).

Eine Gießmaschine arbeitet mit mehreren Pumpen, für jede Düse ist eine Pumpe vorgesehen. Sie führt von der Steuerkammer die dosierte Menge der Austrittsdüse oder der Abgabestelle zu (Figur 57). Eine Kolbenpumpe hat Ein- und Auslaufschieber. Die Menge ist dadurch regulierbar, daß der Kolbenweg innerhalb des Zylinders verändert wird. Nach jedem Kolbenstoß erfolgt ein Rückstoß, wodurch Masse in die Düse gesogen wird. Zähe Schokoladenmassen neigen zur Tropfenbildung, oder es bleibt beim Gießen ein Faden hängen, der von der Düsenöffnung bis zur Form reicht, von der Form mitgeschleppt wird und die nachfolgende Form verschmiert. Daher sind Dosiervorrichtungen mit zwei Pumpen versehen, einer Hauptkolbenpumpe und einer Hilfskolbenpumpe. Sie sind parallel angeordnet und durch Kopfstück miteinander verbunden, in ihren Kolbenbewegungen aufeinander abgestimmt (Figur 57). Die Hauptpumpe preßt die dosierte Menge über einen Kanal in das Gießmundstück. Wenn der Ausstoßhub der Hauptpumpe erfolgt und durch einen Schieber die Hauptpumpe geschlossen ist, tritt die Hilfspumpe in Funktion und saugt die im Kanal befindliche Masse zurück. Hierdurch wird ein Nachtropfen von Masse vermieden. Diese Negativwirkung kann dadurch verstärkt werden, daß das Austrittsmundstück in Vibrationsschwingungen versetzt wird.

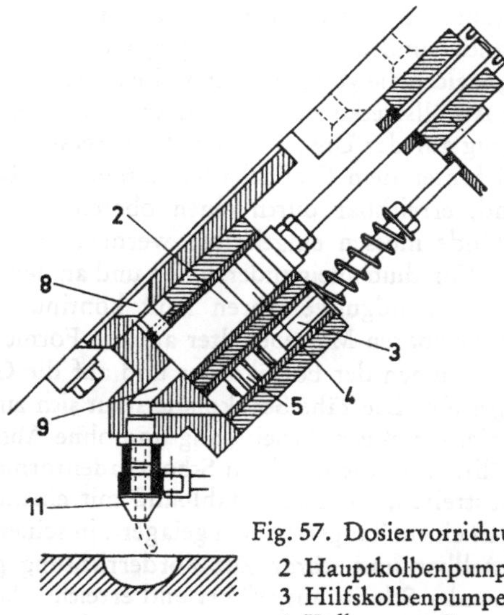

Fig. 57. Dosiervorrichtung
2 Hauptkolbenpumpe
3 Hilfskolbenpumpe
4 Kolben von 2
5 Kolben von 3
8 Zuflußöffnung
9 Austrittskanal
11 Mundstück

Es kommt, um ein genaues Füllen des Formkörpers zu erreichen, auf ein abruptes Abreißen des Schokoladenstranges an.

Die Schokoladenmasse muß vor Abkühlung bewahrt bleiben, um Ablagerungen an den Zuleitungen auszuschließen. Sie hat, wenn Temperaturschwankungen eintreten, nicht immer gleiches Fließvermögen, so daß es vorkommen kann, daß die Dosiermaschine ungleichmäßige Mengen abgibt.

Abweichungen von der Gewichtseinteilung werden in gewissen Grenzen nur toleriert, wenn technische Gründe die Ursache hierfür sind (bei 100-g-Tafelschokoladen bis zu 3 %).

Rahmenträger nehmen die Tafelformen, die in größeren Reihen nebeneinander und aneinander liegen, auf. Es laufen Rahmen mit Formenreihen um, welche die ganze Kettenbreite ausfüllen. Diese Formenreihen werden auf der Abfüllstrecke zusammengeschoben, erreichbar durch einen kürzeren Kettenzug auf der Unterseite der Füllstrecke. Auf den anderen Wegstrecken vor und hinter dem Gießbehälter laufen die Rahmenträger mit größerem Abstand, erreichbar durch einen oberen längeren Kettenzug. Diese Reihenabstände müssen eingehalten werden, um zu vermeiden, daß die Formen beim Vorschub aneinanderstoßen und an den Berührungsstellen sich abnutzen.

Beim Bandgußverfahren läuft kontinuierlich der Schokoladenstrom aus dem heizbaren Massebehälter auf die Formenreihen; er ist in der Stärke auf das Volumen der Formkörper und auf die Geschwindigkeit des Kettenzuges eingestellt. Die zähe Schokolade staut sich zu einem Wall, die Formen laufen im gleichmäßigen Arbeitsgang und ohne Absetzpausen hindurch und werden gefüllt. Über die gefüllten Schokoladenformen läuft, um überschüssige Masse abzustreifen, ein Schabestahlband mit einem rückgestellten Abstreicherblatt, das in einem Trägerrahmen gelagert, in seiner Höhen- und Aufsetzwinkellage verstellbar und schräg zur Förderrichtung geführt ist. Hierdurch wird ein ziehender Schnitt ausgeführt und erreicht, daß Masse abgestrichen, aber nicht herausgerissen wird; durch die Stellung wird vermieden, daß die abgeschabte Schokolade in die Querfugen von aufeinanderfolgenden Schokoladenformen gelangen kann. Sie fließt in eine Ablaufschurre, die sich dicht an die Formenlängsseiten anschließt. Seitliche Abdichtungsplatten im Bereich des Schokoladenwalls verhindern ein seitliches Abfließen der Masse. Es ist leicht einzusehen, daß beim Bandgußverfahren höhere Ausstoßziffern erreicht werden als beim Punktgußverfahren.

Nach unmittelbarem Einfüllen wird die Schokolade auf Klopfbahnen durch die senkrecht zur Förderfläche auf- und niedergehenden Rüttelbewegungen sowie die waagerecht verlaufenden Querbewegungen wechselnden Preßdrücken ausgesetzt und dadurch von eingeschlossenen Luftblasen befreit. Die Rüttelstöße müssen einreguliert sein; bei einem starken Rütteln werden die Tafeln hohl, Masse steigt an den Formrändern an und bleibt an ihnen hängen.

Die Schokoladenmasse ist dicht und fest. Sie erlangt eine lockere Struktur, wenn die gefüllte Form, nachdem sie über die Vibrationsbahn gelaufen ist, während des Abkühlens unter Minderdruck gesetzt, an ein Vakuum angeschlossen wird. Die Schokolade wird unter Volumenvergrößerung porös und erhält einen leichten schmelzenden Biß. Hierfür eignen sich Massen, die in der Zusammensetzung von der gewöhnlichen Schokolade durch Zusätze von Eiweiß und Bienenhonig sich unterscheiden. Dies ist indessen kein Erfordernis bei dem Verfahren, das mit Einpressen von gasförmigem Stickstoff arbeitet und ohne Rezepturänderungen die Herstellung einer lockeren porösen Schokolade ermöglicht. Stickstoff wird unter erheblichem Überdruck in die Schokoladenmasse, bevor sie in die Formen eingefüllt wird, gepreßt. Der

Überdruck ist nötig, um ein Verteilen in der Masse und ein gleichmäßiges Durchspülen der Schokolade zu erzielen. Die ungeformte Masse wird vor dem Vergießen mit Stickstoffgas durchtränkt und nach dem Vergießen hiervon durch starke Vibrationsstöße wieder befreit. Diese Schokolade, die im übrigen nach dem sonst üblichen Verfahren hergestellt wird, ist keine „Aero-Schokolade", besitzt keine Luftvakuolen und unterscheidet sich im Aussehen nicht von der gewöhnlichen Schokolade.

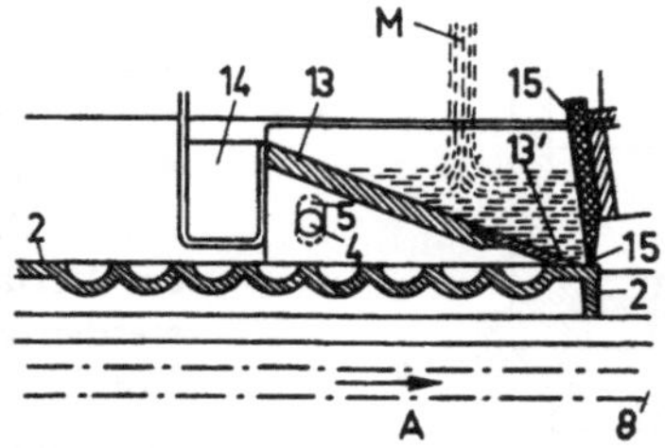

Fig. 58. Einstreichkasten für Pralinen

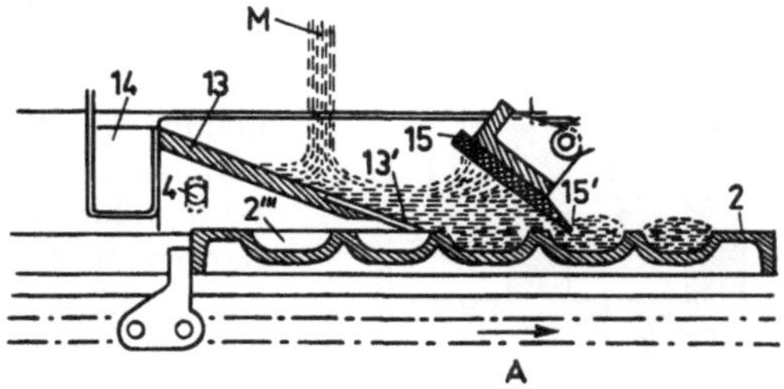

Fig. 59. Einstreichkasten für Pralinen

2 Formenrahmen
4, 5 Schrauben, Schlitze
13 feststehende Querwand
14 Abflußrinne
15 verschiebbare Querwand

Bei dem üblichen Punktguß- und Bandgußverfahren verlaufen die Massen in den Formen und füllen sie aus. Flächige Stücke, bei welchen die Schokolade längere Fließwege zurücklegen muß, werden aus zwei Abgabedüsen gespeist. Zähe Massen werden eingestrichen. Die Figur 58 deutet das Verfahren mit einer Querschnittszeichnung an. Der Einstreichkasten hat senkrechte Seitenwände, eine Querwand mit einer Stahlblechspitze, die bis zum Formenrand reicht, und eine Rückwand, die als Abstreifer dient. Beide Querwände sind schräg gestellt und verschiebbar; infolge der veränderlichen Schrägstellung der Abstreiferquerwand in einem weiten Winkelbereich kann Masse angestaut und damit ein Druck ausgeübt werden. Über die Formenkanten gleitet der Abstreifer, die Auslaufspalte schließt sich automatisch, wenn der Abstreifer über die Formenkanten gleitet, er öffnet sie wieder, wenn der Abstreifer über die leeren Formen hinweggeführt wird. Bei hohem Gießdruck wird mehr Masse abgegeben, als die Formen fassen können. Dies verdeutlicht die Figur 59. Der Schokoladenkörper ist oberflächengewölbt. Der Fließvorgang wird an der hochstehenden Formkante unterbrochen und mit dem abfallenden Massezulauf die Oberfläche gerundet, so daß oberflächengewölbte (konvexe) Körper entstehen. Dadurch, daß die Abstreiferzunge gegen die Form gedrückt wird und in den Formvertiefungen flachbogenförmige Bewegungen

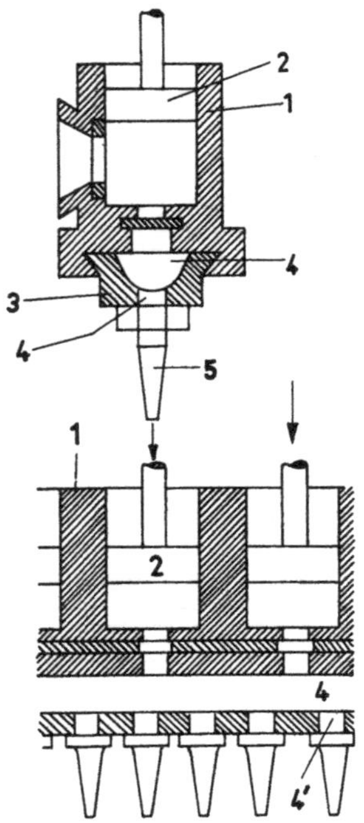

Fig. 60. Mundstück einer Gießmaschine

1 Gießpumpengehäuse
2 Gießpumpen
3 Austrittsleiste
4, 4 Verteilertasche
5 Gießdüsen

beschreibt, können innengewölbte (konkave) Schokoladenkörper hergestellt werden. Dies ist durch eine bloße anderweite Führung der Abstreiferzunge zu erreichen.

Die Masse muß zäh und standfest sein, um ein Verlaufen zu vermeiden. Die Füllformen werden auf Mitnehmerketten unter dem Einstreichkasten vorbeibewegt, durch Hubstangen und Hebelzug Hin- und Herbewegungen des Abstreifers ausgelöst.

Nicht geeignet ist das Einstreichverfahren für kleinflächige konturenreiche Stücke, für welche das Gießverfahren zur Anwendung kommt. Die Schokolade muß ein gutes Fließvermögen und eine gute Verteilbarkeit in den Formmulden besitzen, um gleichmäßige Wandstärken zu erzielen. Die Laminarströmung muß bei oberflächenverzierten Stücken unverändert bleiben, um eine scharfe Kantenbildung zu erreichen. Aus diesem Grunde ist die Frage kurzer Zuleitungswege bedeutungsvoll.

Die Figur 60 zeigt im Querschnitt eine Gießmaschine mit einem Pumpensatz und einem Gießmundstück, in dessen Boden eine Anzahl von Austrittsdüsen eingebaut ist. In den Verteilerweg sind parallele Querreihen von Austrittsöffnungen eingeschaltet. Damit wird erreicht, daß ein Hohlkörper mit unregelmäßiger Grundrißform aus mehreren Düsen gespeist wird, oder eine Vielzahl von Formen gefüllt und hierbei jeweils nur eine kleine Menge bei kürzestem Wege aus dem als Verteiler wirkenden Gießmundstück in die Formen gedrückt wird.

Die Formen werden periodisch weitergeführt und während ihres Stillstandes unter dem Gießmundstück gefüllt. Ein Beschleunigungsschaltrad erteilt den zusätzlichen Förderimpuls für das Kettenrad, um ein schubweises Fördern zu erreichen.

Das Kühlen der Schokoladen
Konvektions- und Strahlungskühlung

Es sind massive Schokoladen und Schokoladenwaren, massiv in dem Sinne, daß Schokolade als einheitliche Masse, nicht als ein Gemenge aufgefaßt wird, in welchem die Bestandteile ihre Konsistenz behalten haben und sichtbar vorliegen. Es sind Tafelschokoladen und Schokoladenfiguren, welche in den Formen bei allmählicher Abkühlung fest und dann aus den Formen geschlagen werden.

Für das Aussehen kommt es auf den Ablauf des Abkühlens der warmen Schokolade wie der erwärmten Form an. Die Formen werden temperiert, auf eine der Schokolade angenäherte Temperatur gebracht, die in der Regel einige Grade unterhalb der Gießtemperatur liegt. Dadurch wird ein Abschrecken der Schokolade bei dem Einbringen in die Form vermieden. Entsprechend diesem Erfordernis ist auch die Temperatur des Eintafelraumes angeglichen, die Eintafelanlage als geschlossenes Arbeitsaggregat mit Außenverkleidung versehen. Größere Anlagen enthalten Eintafelvorrichtung, Kühlbahnen und Austafelvorrichtung mit getrennten Temperaturbereichen.

Die Formen müssen trocken sein und dürfen keinen Feuchtigkeitsbelag haben. Die Folge wäre ein Hängenbleiben der Schokolade an den Formen, eine Bildung von stumpfen Stellen auf der Oberfläche, das Entstehen von Kühlflecken, wenn die Schokolade bei dem Austafeln abreißt. Das Ablösen darf erst nach der Erstarrung der Kakaobutter erfolgen, das Festwerden der Körper muß gleichmäßig verlaufen. Die Kühlung der großen Formkörper setzt an den Rändern ein und verläuft von den Rändern zur Mitte, so daß die Schokolade erst in den Randpartien, dann in der Mitte sich von der Form löst. Die Gefahr eines vorzeitigen Losreißens ist bei größeren Figuren mit exponierten Formteilen gegeben, die stärker als die Hauptmasse abkühlen. Die gemusterten Formen haben durch die Vertiefungen eine vergrößerte Oberfläche und können im Innern wie in den Randpartien etwa gleichzeitig auskühlen, so daß Spannungen in der Masse ausbleiben.

Das Abkühlen der flüssigen Schokoladenmasse und das Festwerden in den Formen erfolgt in bestimmter Zeitfolge in dem Kühltunnel. Die Körper werden auf einem endlosen, in der Geschwindigkeit regulierbaren Förderbande durch den Kühltunnel transportiert, in dem verschiedene Temperaturen vorherrschen, in der Eingangszone etwa 18° C, die zur Mitte des Kühltunnels abfällt und einen Tiefstand erreicht, zum Ausgangsende des Tunnels wieder ansteigt. Kühlaggregate geben Kältekalorien ab. Tafelschokoladen benötigen durchschnittlich 40 kcal/kg zur Kühlung, gefüllte Tafeln 30/40 kcal/kg. Eine Tafel beginnt schon nach etwa 12 Minuten sich von der Form zu lösen, nach 20 Minuten aus der Form herauszufallen. Die Verweilzeit im Tunnel wird eingestellt, für Pralinen ist sie kürzer als für Tafelschokoladen.

Die Kühltunnel haben etwa eine Länge von 25 Metern und am Ende ihrer Horizontalbahn einen Vertikalkühlschrank (Paternoster), in dem nach der Vorkühlung die Körper in tiefe Temperaturbereiche gelangen und vollständig ausgekühlt werden. Die Kühlschränke bestehen aus zwei senkrechten, durch einen oberen und einen unteren Querförderer zu einem geschlossenen Förderkreislauf verbundenen Förderschächten, in die die Tragplatten für die Schokoladenformen eingeschoben werden.

Wegen Raumersparnis werden auch mehr-zwei-etagige Kühltunnel gebaut und aufgestellt.

Konditionierte trockene Luft wird eingeleitet, Wärme mit der Luft abgeleitet; die Wände des Kühltunnels sind gekühlt und nehmen die Wärmeenergien auf. Es ist eine Konvektionskühlung. Der Wärmeaustausch hängt in hohem Maße von der Luftumwälzung ab, die laminar oder turbulent sein kann. Ein kalter Luftstrom schreckt die Oberfläche der warmen Körper ab, sie verkrustet und verhindert das gleichmäßige Abkühlen des Kernes. Die latente Wärme der später erstarrenden inneren Schicht muß durch die erstarrte Außenschicht hindurchdringen und hat ein teilweises Ausschmelzen der Außenschicht zur Folge, wenn die Anfangskühlung zu intensiv verlaufen ist. Zudem läßt sich die Kühlluft im Kühlkanal nur schwierig in Temperatur und Windführung steuern, so daß die Kühlung unterschiedlich ist.

Ein gelindes und gleichmäßiges Kühlen wird durch Vorrichtungen erreicht, welche auf der Strahlungskühlung basieren. Diese Kühlvorrichtung der Figur 61 besitzt im Innern parabelförmig ausgebildete, flächig abgesetzte, aluminiumverkleidete Reflektoren, die den Innenraum aufteilen. Entlang den Seitenwandungen befinden sich dünnwandige wassergekühlte Rohre, welche mit ringförmigen schwärzlichen Platten in dichter Aufeinanderfolge umkleidet sind und eine große Oberfläche für die Absorption der Wärmestrahlen abgeben. Durch die Berippung wird die Kühloberfläche um das 10—20fache vergrößert. Schwarze Körper absorbieren die Wärmestrahlen, die hellen reflektieren sie. Die inneren hellen Aluminiumflächen sind so gestellt, daß eine rückwärtige Wärmestrahlung auf die Schokoladenwaren vermieden, vielmehr eine direkte Wärmeabstrahlung auf die seitlichen dunklen Kühlaggregate erreicht wird.

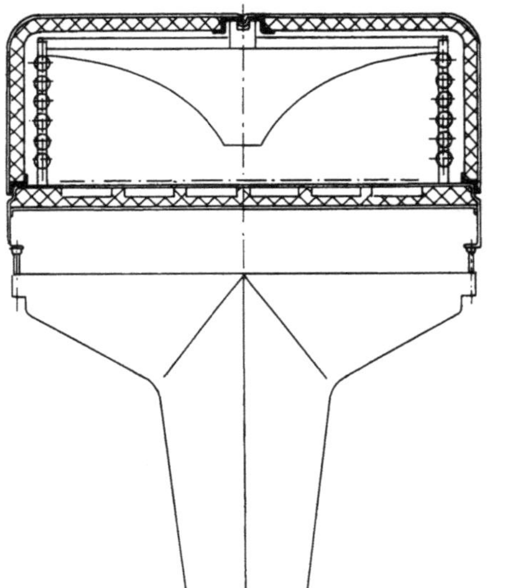

Fig. 61. Sollich-Strahlungskühlkanal — im Querschnitt

Rechteckrohre, die in den Boden eingelassen sind und wassergekühlt werden, sorgen für Entzug der Bodenwärme, wenn die Körper auf dem Transportband, das aus einem mit Perlonfasern durchsetzten Kunststoff — Polyäthylen — besteht, durch den Kühlkanal gefördert werden. Die Bodenkühlung ist eine Kontaktkühlung, die beschriebene Vorrichtung demgemäß eine kombinierte Strahlungskontaktkühlung.

Die Kühlvorrichtungen beider Systeme ähneln im Äußeren einander. Das Gehäuse hat eine 5 cm starke (Steropur) Isolierung, besitzt verstellbare Klappen an Eingangs- und Ausgangsöffnung, um das Eindringen von Fremdluft zu verhindern. Feuchte Luft muß ferngehalten, übersättigte Luft, welche infolge der niedrigen Temperatur an den mattschwarzen Kühlflächen zu einer Kondensatbildung führt, abgeleitet werden. Schwitzwasser wird über Ablaufrinnen aufgefangen. Eingebaut in die Anlage ist eine Wasserkühlung mit Verdampferschlangen, in denen das Kühlmittel verdampft und dem Wasser Wärme entzieht. Mit dem Kältemittel Frigen kann eine starke Unterkühlung, eine schnelle Abkühlung des umlaufenden Wassers erreicht werden.

Um Kondensatbildung und Befeuchtung der mattschwarzen Flächen auszuschließen, sind kanalartig umbaute Kühlvorrichtungen geschaffen worden, die einen Absorptionskühlkanal für die Schokoladen und einen Sekundärkühlkanal für die umlaufende Kühlluft aufweisen. Die konditionierte Luft zirkuliert unter Überdruck im kanalartigen Umbau, passiert in stetem Kreislauf Aggregate zum Kühlen und Entfeuchten; durch Filter und Regelklappen, welche dem Ansaugstutzen vorgeschaltet sind, wird ein Eindringen von Fremdluft vermieden. Der Absorptionskanal ist eng und flach, das Förderband strahlendurchlässig und mit dem Boden in das kanalbettartige Kühlsystem einbezogen. Wärme wird oberflächenseitig durch Absorption und zusätzlich durch die unvermeidbare thermosiphon bedingte Luftkonvektion entzogen.

Das Förderband wird vor dem Eintritt in den Absorptionskühlkanal durch eine Wärmequelle angewärmt, um die Bodenfläche der Schokoladenwaren vor Unterkühlung zu bewahren.

Die Frage der Kühlung kann nicht für sich allein betrachtet werden. Sie hängt von der Gießtemperatur und der Vorbehandlung der Schokoladenmassen ab. Auch ist es ein Unterschied, ob dünne Überzüge aus Kuvertüre oder massive Tafelschokoladen gekühlt werden. Es wird, um einige Beispiele zu nennen, auf einer Großtafelanlage die Vollmilchschokolade bei 28° C, die Zartbitterschokolade bei 31° C gehalten, eine kakaobutterreiche Kuvertüre zum Überziehen von Pralinen hingegen bei 32—33° C. Dünnschichtige Überzugsmassen werden schnell fest, daher wird eine Strahlungskühlung vorzugsweise bei überzogenen Waren angewendet.

Eintafeln — Austafeln

Nach dem Ausformen und Abkühlen werden die Tafelschokoladen in einer Austafelvorrichtung ausgeworfen, hierbei müssen die Formenrahmen gewendet werden. Sie laufen gegen einen in den Klappbereich hineinragenden

Anschlag und werden absatzweise im Takt der Gießmaschine oder nach dem Grade des Nachschubes aus der Aufnahmestellung gegen den Anschlag geschwenkt. Die Schwungkraft des Trägerrahmens wird für das Entleeren der Formen ausgenützt, durch pneumatische oder hydraulische Dämpfungsvorrichtungen, die den allgemein gebräuchlichen Türschließern in ihrer Konstruktionsweise ähnlich sind, der Aufprall der Rahmen gemindert. Die Tafeln werden auf einer Aufnahmeplatte aufgefangen, die leeren Formenrahmen zurückgeklappt und wieder angewärmt, um die nächste Runde im Umlaufgetriebe auszuführen. Die Einzelformen sind ausgestanzt und mit einem doppelt eingebogenen Randumschlag versehen.

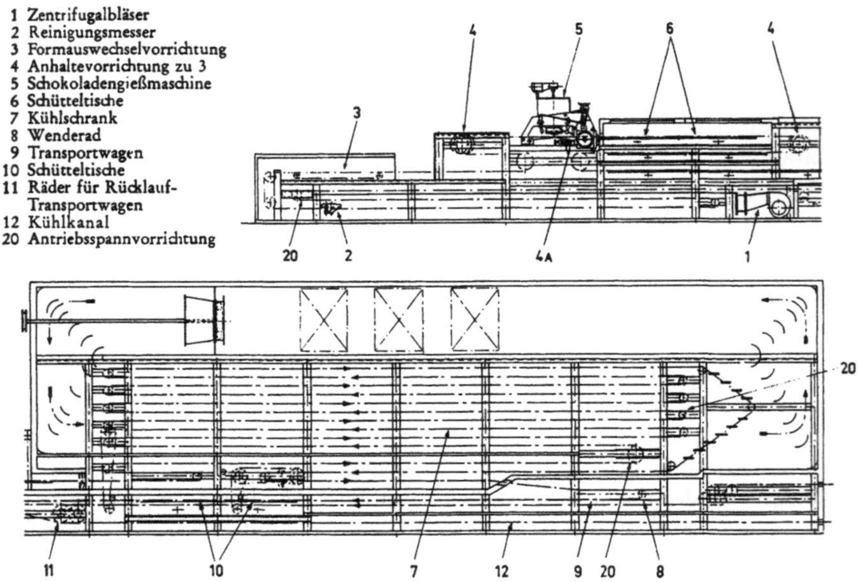

Fig. 62. Vollautomatische Aasted Eintafelanlage (Übersichtsschema)

Die Aufnahmeplatte liegt unterhalb des Klapprahmens, welcher mit solcher Hubgeschwindigkeit über die Totpunktlage angehoben wird, daß ohne Bruchgefahr und ohne vorheriges Herausfallen aus den Formen die Tafeln aufgelegt werden, die nunmehr von einer Zuführungseinrichtung erfaßt und zur Einwickelmaschine weitergeleitet werden.

Die Eintafelanlagen ähneln im Grundsätzlichen einander, unterscheiden sich nur in Details voneinander. Die Querschnittsskizze der Figur 62 zeigt eine vollautomatische geschlossene Anlage für Vollschokolade. Die Gießmaschine arbeitet mit gegenteiligen Kolben, wird von einem Synchrongetriebe an der Hauptwelle angetrieben, sie besitzt ein Doppelmundstückrohr, das als Drehschieber arbeitet und die Masse ohne ein Nachtropfen abschneidet; vor dem Gießen werden die Formen angehoben und unmittelbar danach wieder gesenkt, hierbei unter der Gießmaschine angehalten, so daß während des Gießens keine Schnittschwänze entstehen. Die Form wird vorher temperiert. Thermostatisch gesteuerte Luft läuft in der Anlage um, passiert die Formenheizungszone, der sich eine Formauswechselstation anschließt für den Fall, daß leere Formen gegen andere ausgetauscht werden. Es folgt das Füllen, mittels Handhebels kann der Gießvorgang verkürzt oder beschleunigt werden.

Die gefüllten Formen laufen über Schütteltische, welche auf Federstahlschienen ruhen und in den Kühlkanal einmünden. Während des Transportes werden die Formen, die in zwei Richtungen umlaufen und am Ende des Kühlkanals umgelenkt werden, in waagerechter Lage gehalten; die Kühlbahn ist in Sektionen aufgeteilt, beginnend und endigend mit schwächerer Kälte, die verschiedenen Kältezonen werden durch innere Scheideflächen und äußere Verkleidungswände (ölgehärtete Hartfaserplatten, Kreuzfurniere) gebildet. Es folgt nach dem Auskühlen der Formen die Vorrichtung zum Wenden. Unter dem Formenförderband verläuft das Ausformförderband, das sich in gleicher Geschwindigkeit bewegt und aus Transportwagen besteht, welche auf zwei endlosen Rollenketten befestigt sind. Vor der Wende legt sich automatisch auf jede Form eine Polysterol-Platte, die festgehalten wird und sich erst löst, wenn die Formen über dem entsprechenden Transportwagen sind, welcher die Formplatten aufnimmt.

Das Formenband läuft weiter und wird für den nächsten Arbeitsgang durch Warmluft wieder erwärmt, die Oberfläche der Formen durch ein Reinigungsmesser, das in der Formenheizungszone montiert ist, von etwaigen Schokoladenresten gesäubert.

Der Transportwagen mit den Tafeln passiert während des Rücklaufs eine Anwärmzone, um sie auf Raumtemperatur zu bringen und ein Beschlagen der Tafeln vor der Verpackung zu vermeiden.

Auch gefüllte Tafelschokoladen werden auf dieser Anlage hergestellt, die hierfür durch besondere Einzelaggregate ergänzt wird. Wenn die Schokolade eingefüllt und in den Formen ausgeglättet ist, wird noch vor ihrem endgültigen Erstarren die Form gewendet, um überschüssige Schokolade mittels Ovalbewegungen und horizontaler Rüttelbewegungen (Rüttelstöße) auszuschleudern.

Diese Schokolade wird in erwärmten Ablaufrutschen aufgefangen. Mittels einer nylonverkleideten Walze, die der Formenrichtung gegensinnig umläuft, werden herabhängende Schokoladenmasseteilchen abgenommen. Die Hohlformen machen nun erst eine Vorkühlung durch; wenn die Schokolade schnittfeste Konsistenz erlangt hat, werden in einer besonderen Arbeitsstufe die herabhängenden Massepfropfen abgeschnitten sowie die Schalenränder geglättet. Die Messer, die hierzu benutzt werden und angewärmt sind, sind schräg gestellt und gegen die Innenwand gerichtet, um ein dichtes Verschließen der Form zu erreichen und ein Ausquetschen der Schokolade über den Schalenrand auszuschließen.

Im Kühlkanal erfolgt anschließend das Auskühlen, in der Gießstation das Füllen der Schalen. Eingeschaltet sind mehrere Gießmaschinen für mehrfache Füllungen. Es folgt das Deckeln, das Auftragen eines Bodens. Die Formtafeln durchlaufen einen elektrisch beheizbaren Wärmkasten oder gleiten über eine Heizspinne, um die Ränder zu erwärmen und damit ein gutes Haftvermögen der aufgetragenen Schokolade zu erreichen. Das Mundstück der Deckelmaschine läßt in geöffnetem Zustande durch den Spalt mit verstellbarer Breite die Schokolade ausfließen; überschüssige Schokolade wird von einem Rollenschaber entfernt, von einem Querschaber der Boden glattgestrichen. Das Ausformen erfolgt, wie bei massiven Tafelschokoladen, in derselben Vorrichtung, ebenso das effektive Kühlen mit geringfügigen Unterschieden in den Kühltemperaturen.

Im Sortiment der gefüllten Schokoladen stehen Krokanttafeln, Marzipantafeln u. ä., welche eine feste Einlage haben, die von Hand in die Halbformen, die Schokoladenhülsen eingelegt wird. Die Schokoladenhalbformen laufen nach Verlassen des Kühlschrankes über eine offene Bahn, an der auf beiden Seiten Arbeitspersonen zum Einlegen der Einlagen bereitstehen. Die Schokoladenform ist vorgekühlt, noch nicht fest erstarrt, um ein Platzen bei dem Eindrücken der Einlage zu vermeiden. Am Ende der Bahn drückt eine automatische Vorrichtung die Einlage gleichmäßig tief ein, um Lufteinschlüsse unterhalb der Einlage zu beseitigen und, vor allem, ein seitliches Verkleiden der Einlagen mit Schokolade zu erreichen. Es schließt sich das Zustreichen der Form, wie beschrieben, an.

Auch Ananas wird als Einzelfrucht für eine Einlage gewählt und auf diese Weise eine gefüllte Kleintafel, ein entsprechender Riegelstreifen hergestellt. Die Ananas ist in Zuckerlösung vorbehandelt.

Von der Konsistenz der Einlage hängt es ab, wie tief die Einlage eingelegt (Handarbeit), eingedrückt (Maschinentaste), wie hart oder weich die Schokoladenhülse sein kann, und vor allem, wie lange die Stücke haltbar und lagerfähig sind.

Es gehört zum Abc der Technik der Verpackungsmaschinen, die Tafeln in Faltkästen und Faltschächte einzuschieben und mit einem Hubstempel und Seitenstempel die Hüllmaterialzuschnitte der Form anzudrücken, die überstehenden Teilabschnitte um die Form herumzulegen. Die Tafeln laufen vom Transportband auf einen Zubringerrost, dem ein Übergaberost überlagert ist, durch dessen Stäbe der Hubstempel hindurchgeht. Ein näheres Eingehen auf technische Einzelheiten kann in diesem Rahmen nur insoweit erfolgen, als mit der Herstellung der Schokoladenartikel gleichzeitig deren Verpackung verbunden ist.

Folienumhüllte Artikel

Die Maschinenfabrik Loesch — Forchheim — hat eine Anlage zur Herstellung massiver Schokoladenartikel erstellt, welche ohne das übliche Formenmaterial und ohne Trägerrahmen arbeitet. Auf dieser Anlage wird die Form, die gleichzeitig als Verpackungsmaterial dient, aus einer Aluminiumfolie geprägt, die im Rhythmus des Ausprägens über eine Rolle abgespult wird. Die Folie ist bedruckt, beschichtet oder kaschiert. Die Maschine hat mehrere Bahnen, in der Regel deren sechs.

Die Anlage besitzt eine fotoelektrische Zentriervorrichtung, die die Arbeitsvorgänge des Ausprägens und Anhaltens steuert, so daß Aufdruckmuster der Folie und Prägestempel in die paßgerechte Aufeinanderstellung kommen, und der Prägestempel das Aufdruckmuster ausprägen kann. Das Alu-Band besitzt Kerbeinschnitte, um ein gutes Einschlagen der Ränder zu ermöglichen. Es verläßt mit den ausgeprägten Formvertiefungen als geschlossenes Band die Prägevorrichtung und passiert die Gießmaschine. Sie gibt dosiert die Schokoladenmasse in die Vertiefungen der Folienbänder. Die Figur 63 stellt eine Übersichtsskizze dieser Anlage dar.

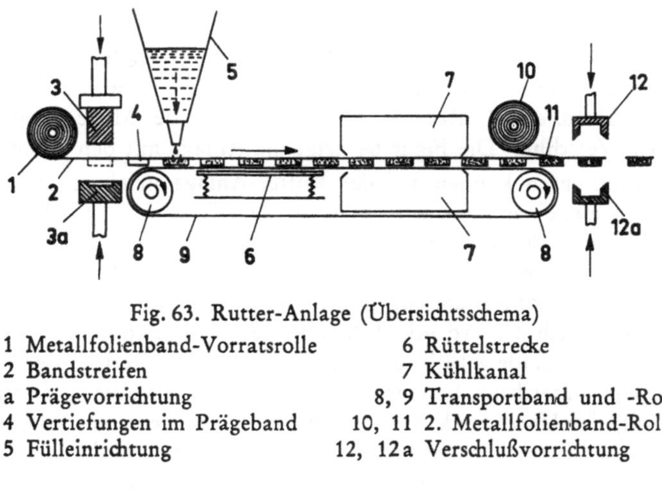

Fig. 63. Rutter-Anlage (Übersichtsschema)

1	Metallfolienband-Vorratsrolle	6	Rüttelstrecke
2	Bandstreifen	7	Kühlkanal
3, 3a	Prägevorrichtung	8, 9	Transportband und -Rolle
4	Vertiefungen im Prägeband	10, 11	2. Metallfolienband-Rolle
5	Fülleinrichtung	12, 12a	Verschlußvorrichtung

Die Alufolie wird auf dem weiteren Transportwege durch eine Schneidvorrichtung in einzelne Bandstreifen von ca. 1 Meter Länge unterteilt, so daß nunmehr Teilbänder weiterlaufen, nicht mehr das ganze Band absatzweise nach Maßgabe des Prägens und Gießens die Arbeitsstraße passiert. Diese Bänderstreifen durchlaufen eine Vibrationsbahn und anschließend einen Kühlkanal. Die Abkühlzeit ist verkürzt, da die Alufolie keine Vorwärme braucht und keine Wärme speichert. Am Ende des Kühlkanals übernimmt

Fig. 64. Rutter-Anlage mit Ablaufrollen

eine Verschließmaschine den einzelnen Bandstreifen, der in die einzelnen Formabschnitte durch einfaches Durchschneiden aufgeteilt wird. Auf die Oberfläche der Einzelstücke legt die Maschine eine in Form und Größe entsprechende Alufolie und falzt die Folienränder nach der Mitte zu einem einwandfreien Verschluß. Die Figur 64 zeigt die Anlage mit den Ablaufrollen.

Auch Hohlfiguren können auf der Rutter-Anlage in einem Arbeitsgang geformt und mit einer Folie umkleidet werden. Das Verfahren bedient sich eines geschlossenen Kastens mit Vakuumanschluß. Die Oberseite des Kastens ist eine Platte mit eingelassenen Formvertiefungen. Die Maschine legt das dünne Folienmaterial auf die Formvertiefungen und drückt es durch Stempel ein. Es wird durch Unterdruck dicht anliegend gehalten. Die Foliennäpfe werden mit Schokolade gefüllt, dann gewendet, geschleudert und gespachtelt. Es bleibt der Unterdruck bestehen, solange das Folienmaterial festgehalten werden soll, der Unterdruck wird erst aufgehoben, wenn der Schokoladenkörper aus der Form herausgedrückt werden soll. Dies geschieht mit Überdruck. Die Randteile der Folienzuschnitte werden vor dem Lösen der Körper aus der Form umgelegt und angedrückt. In der Pralinenherstellung ist es kein unbekanntes Verfahren, mittels Tiefzieh- und Stanzvorrichtungen aus einem Folienband Formfolien zu prägen und sie den Formmulden anzudrücken, auf diese Weise kleine folienumhüllte Artikel in einem Arbeitsgang zu erzeugen.

Es ist ein zeitsparendes Verfahren für Herstellung kleiner massiver Tafelschokoladen und Hohlkörperartikel und sonstiger massiver Kleinkörper.

Herstellung von Hohlkörpern (Halbschalen) Schleuderanlage

Im allgemeinen werden Hohlkörper, und insbesondere die großen, auf Anlagen hergestellt, die durch ein genaues Einregulieren des Schleudervorganges gleiche Schalenstärke der Figuren erreichen. Die Schokoladenfiguren sollen dünnwandig sein. Sie werden in einer zweiteiligen Klappform, bestehend aus aufeinander passenden kongruenten Hälften, ausgeformt; eine Schale wird gefüllt, die zweite auf die gefüllte randdicht aufgesetzt und miteinander verschlossen, die Form mehrere Male nach allen Seiten gedreht, um die Masse innerhalb der Form gleichmäßig zu verteilen. Das geschieht in den Hohlkörperschleuderanlagen.

Fig. 65. Elma-Schleuderanlage

Die Vorrichtung der Figur 65 stellt eine in einem Rechteckgestell gelagerte Trommel mit Halterahmen für die Formkörper dar, auf welchen die Schokoladenkörper, wenn die Trommel und die Halterahmen eigene und voneinander unabhängige Umlaufbewegungen ausführen, planetenartige, nach allen Richtungen wechselnde Bahnen beschreiben. Die Trommel ist auf einer horizontalen Welle gelagert, auf welcher gesondert angetriebene verhältnismäßig kleine Exzentergewichte mit unterschiedlicher Drehzahl umlaufen und weiche

Vibrationsschwingungen erzeugen. Die Formenhalter mit den Formen führen zu der Trommelbahn radiale Umlaufbewegungen aus. Dadurch wird die Masse blasenfrei und ohne Tropfbildung zu einer gleichmäßigen Wandstärke verdichtet.

Die Formplatten werden in die Halterahmen eingelegt und von Magnethaltern festgehalten; sie ermöglichen ein leichtes und schnelles Einschieben und Lösen der Formreihen aus den Halterahmen. Bei einer Größe von 275 mm × 425 mm können die Formplatten viele Einzelfiguren aufnehmen. Die Schokoladenmasse verteilt sich in der Form bei Bildung gleicher Wandstärken, die Umlaufgeschwindigkeiten sind einstellbar und unabhängig voneinander, wenn Größe und Unregelmäßigkeit der Formen unterschiedliche Geschwindigkeiten von Trommel und Magnethalter notwendig machen. Die Trommel ist auf Schwingmetall gelagert, die Formen sind daher in ständiger Vibration. Kaltluftstöße in den unteren Raum der Anlage sorgen für eine Vorkühlung der Schokoladenfiguren, deren Dauer je nach Formgröße unterschiedlich ist. Es sind Plexiglasformen, Folitformen, die zum Unterschied von Stahlformen schnell auskühlen. Die geschleuderten Artikel haben, wo beide Formenhälften zusammentreffen, eine Nahtstelle, an welcher, wenn die Schokolade noch nicht endgültig erstarrt ist, mittels eines feinen Drahtbügels sie hälftig zerlegt werden können. Das hat bei größeren Artikeln, die mit der Hand individuell gefüllt werden sollen, eine gewisse Bedeutung. Hohlkörper werden in der Regel als geschlossene Körper, wenn sie ausgekühlt sind, der Form entnommen. Der Formenrahmen wird nach ca. 5 bis 7 Minuten aus dem Halterahmen ausgespannt und zwecks endgültiger Abkühlung in den Kühlschrank verbracht. Die Vorkühlung muß ausreichend sein, um einen welligen Massestau im Innern des Hohlkörpers, um ein Nachlaufen der Kuvertüre, zu vermeiden. Sie darf nicht zu lange anhalten, um ein völliges Auskühlen der Schokolade in der Form auszuschließen. Der Erstarrungsvorgang verläuft an exponierten Stellen und an Nahtstellen vorzeitig, so daß beim Schleudern die Hohlkörper an den Nahtstellen brechen, sich vorzeitig an diesen Stellen lösen. Beim Vibrieren und Schleudern der Formen nimmt die Schokoladenmasse, die teils erstarrt, teils weich und formnachgiebig ist, einen Spannungszustand an, der zu Bruchschäden führen kann. Diese Gefahr ist vor allem bei Figuren mit großen Außenzapfen gegeben. Von der Form hängt es wesentlich ab, ob Spannungen sich ergeben und Rißbildungen erfolgen. Erhöhte vorspringende Stellen im Innern werden dünn, die Formvertiefungen ergeben, da sie mit Masse ausgekleidet sind, dicke Stellen. Die Schokolade kühlt an den dünneren schneller als an dickeren Partien aus, an den dünneren springt die durchgekühlte Schokolade von der Form ab, während an den kompakten Stellen die Masse erst zu erstarren beginnt, der Form noch fest anhaftet.

Zu der Schleuderanlage gehört eine Dosiermaschine; sie arbeitet mit mehreren Kolben und mehreren schwenkbaren Düsen, die einzeln abstellbar und je nach Größe der Hohlkörper und der gewünschten Wandstärke einstellbar sind. Es ist zur Übung geworden, die kleinen Hohlkörper (Flaschen, Tönnchen u. ä.) zu füllen. Die Einfüllöffnungen werden nachträglich in die Form gebohrt mittels eines motorangetriebenen Senkbohrers, der eine besondere Abfederung hat und stets die eingestellte Ansenkung zu den Formen erzielt, die in passende eingefräste Rund- oder Formringe gelegt und stoßfest gelagert sind. Hierfür sind besondere Maschinenaggregate geschaffen worden. Das zeitraubende Verfahren ist indessen vereinfacht worden, um Bruchschäden an den Bohrstellen zu vermeiden und ein besseres Verschließen der Eintrittsstelle mit dem Schokoladenpfropfen zu erreichen. Die Verbesserung erstreckt sich auf die Füllöffnung der Hohlform.

Zum Ausformen der Hohlkörper dienen die beiden Formhälften, die nach dem Zusammenklappen eine Einfüllstelle für die Schokolade freilassen. Mehrere Hohlformen sind in Halterahmen zusammengeschlossen, die einzelnen Formen an eine Druckplatte angeschlossen, die Druckplatten durch Gewindestangen zu einem Gestell zusammengefaßt, so daß viele Hohlkörperformen in kurzer Zeit hergestellt werden können. Ein konusartiger Zapfen ragt in das Innere der Form, Figur 66; über diesen Zapfen wird die Form mit der entsprechenden Schokoladenmenge gefüllt, dann geschleudert.

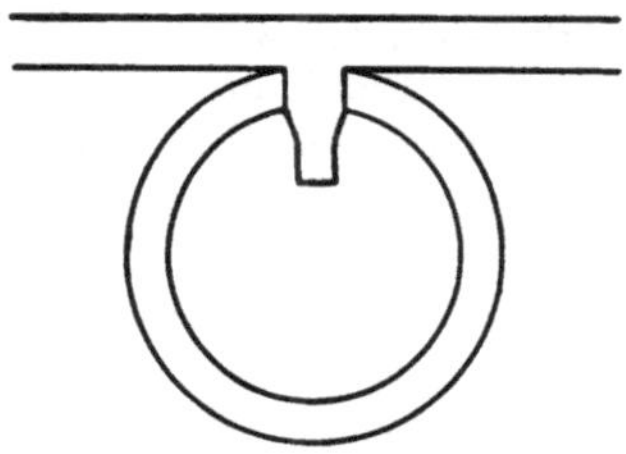

Fig. 66. Formteil der Schleuderanlage

Durch den zylindrischen Ansatz an der inneren Kegelstumpffläche entsteht bei der Planetenbewegung ein dünnwandiger Schokoladenüberzug sowie ein Zapfenüberzug in Form einer kegelstumpfförmigen Füllöffnung.

Nach der Kühlung werden die Druckplatten abgenommen, der stapelmäßige Verband der Hohlkörper in eine Vorrichtung eingelegt, die statt der Platten mit den Zapfen Platten mit Dornstiften aufweist. Beim Anlegen durchstoßen die Dorne die Kegelstumpfzapfen, wobei der linsenförmig ausgebildete Schokoladenboden ohne Beschädigung der Form abbricht und in den Hohlkörper fällt. Dadurch, daß der Kegelstumpfeinlauf rauh ist und in das Innere des Hohlkörpers mündet, bleibt der Verschlußtropfen, der nach Füllung der Form durch den Dorn aufgesetzt wird, innerhalb der Wandung des Hohlkörpers und gewährleistet ein gutes Verschließen der Eintrittsöffnung. Der Einfüllvorgang geht leicht und schnell vonstatten, da die Hohlkörper der Haltevorrichtung nicht entnommen werden und Luft in die Hohlkörper nicht eindringen kann. Plastische Füllmassen werden unter Druck eingepreßt. Als Formmaterial wird ein thermoplastisch verformbarer Kunststoff bevorzugt.

Lagerfähigkeit alkoholgefüllter Artikel

Als Ergebnis gewisser Lagerzeit tritt bei alkoholgefüllten Artikeln ein Erweichen der Schokoladenwandung, anfangs nur ein Blindwerden ein. Der Alkohol diffundiert in die Schokoladenwandung. Das Maß der Diffusion hängt von der Überzugsschokolade, dem Fettgehalt und dem Ablauf des Conchierens ab. Der Alkohol dringt in die Kapillargänge der Schokoladenmasse ein, wenn ein geschlossener Kakaobutterfilm als Schutz fehlt bzw. der Film unvollkommen ist. Daher wird ein agarhaltiges Emulgiermittel zugesetzt, um die Viskosität der Füllung zu erhöhen, Stärkesirup zugegeben, um die Zuckerlösung sämig zu machen.

Auch treten im Laufe der Zeit chemische Reaktionen ein, welche Konsistenzänderungen zur Folge haben. Gerbstoffsubstanzen aus der Schokolade reagieren mit löslichen Eiweißstoffen; solche sind beispielsweise im Eierlikör vorhanden, sie wirken fällend auf das Eiweiß des Eierlikörs ein, welches darin als Emulgiermittel in begrenzter Menge enthalten ist. Eierlikör wird schwammig, Eieröl tritt aus und sammelt sich an der Oberfläche, es diffundiert mit dem Alkohol in die Schokoladenwand. Die Emulsion des Eierlikörs wird zerstört, der Innenwand haftet ein trockener gelb-bräunlicher Belag an. Alkohol löst Lezithin des Eigelbs und trägt auch dadurch zur Zerstörung der Emulsion bei, er löst ferner gerbstoffhaltige Stoffe und gibt dem Füllinhalt ein kakaobraunes Aussehen. Es sind chemisch-physikalische Veränderungen.

Der Alkoholzusatz erfolgt zwecks Aromatisierung, dessen Höhe nicht vorgeschrieben ist. Es wird lediglich daran festgehalten, daß die Spirituose geschmacklich in der Eigenart wie auch im Alkoholgehalt hervortritt und deutlich wahrnehmbar ist.

Es sind Vorrichtungen und Verfahren beschrieben worden, um Halbschalen und Hohlfiguren herzustellen und zu füllen.

Größere Figuren werden aus Halbschalen durch Aneinanderlegen ihrer Randflächen, die über eine Heizspinne geführt und angewärmt werden, hergestellt.

Große Schokoladenschalen sind bruchgefährdet und werden vor dem Ausschlagen gelockert. Ein einfaches, für viele Fälle ausreichendes Mittel ist es, mit einem kleinen Gummihammer gegen die Formenrückseite zu klopfen. In Großbetrieben werden diese Formen an ein Vakuum angeschlossen, die Halbschalen mittels eines als Hubrahmen dienenden Deckels aus den Formen gehoben. Ein elastisch randdichter Deckel bzw. eine Platte solcher Deckelausschnitte, die formgleich den Halbkörpern sind, wird vor Einschalten des Vakuums auf die Formreihe gesetzt, langsam angehoben, die Halbschalen lösen sich nach Abschaltung des Vakuums durch ihr Eigengewicht von dem Deckel, der unter Zwischenschaltung von Federn gelagert ist und die Halbschalen auf eine Unterlage absetzt.

Auch ebenflächige kleine Schokoladentäfelchen werden auf diese Weise aus den Formen gehoben.

Um weiße Verzierungen auf den dunklen Schokoladenflächen anzubringen, werden die Formen mit temperierter Kakaobutter ausgetupft, dann mit Kuvertüre gefüllt. Auch umgekehrt kann die Form mit dunkler Kuvertüre marmoriert, dann mit Milchschokolade ausgekleidet werden. Hierbei ist darauf zu achten, daß die Schminkmasse genügend vorgekühlt ist, um ein Durcheinanderlaufen beider Teile zu vermeiden.

Es ist ein allgemeines Verfahren, durch Ausschleudern Hohlformen herzustellen und sie dann zu füllen. Hierunter fallen auch die kleinen Formen, Weinbrandbohnen, Likörbohnen u. ä.

In einer Hohlkörperanlage ist die Einstellung der Arbeitstemperatur, die max. bei 32° C liegt, wichtiges Erfordernis, ebenso das Temperieren der Formen, um gleichstarke Wandstärken der Schokoladenhülsen zu erreichen. Die Oberkante muß ringsherum gleichmäßig und in genügender Stärke für das spätere Auftragen des Deckels ausgebildet sein.

Die Verfahren gefüllter Tafeln und gefüllter Hohlkörper ähneln einander: die Form füllen, wenden und ausschleudern, Rand ausputzen, wenden, füllen und deckeln.

Bei den alkoholhaltigen Füllungen ist die Höhe des Flüssigkeitsspiegels in der Schokoladenhülse ein Kriterium für die Ausbildung eines gleichen starken Bodendeckels. Die Gießmaschinen sind mit einer einstellbaren Rücksaugleiste ausgestattet und an eine Vakuumeinrichtung angeschlossen, die den Likörspiegel nivelliert und einen gleichmäßigen Stand in allen Hülsen bei dünnen und dicken Schalen und unabhängig vom Füllvolumen gewährleistet. Als weiterer Vorteil springt heraus, daß keine Likörwelle erzeugt wird, wenn der Boden aufgetragen wird. Das ist dann der Fall, wenn die Formen bis zum Rand gefüllt sind oder einen über den Füllstrich hinausgehenden Füllinhalt haben.

Es schließt sich das Deckeln an. Dies kann mittels einer Deckschablone geschehen, die auf die gefüllten Körper innerhalb des Formenrahmens gelegt wird. Sie weist entsprechende Formausschnitte auf und liegt mit den Formrändern auf dem Rande der Hülsen derart, daß ein Teil der Hülsenkante frei bleibt. Dadurch wird ein besseres Abheben der Schablone erreicht, wenn der Füllungsvorgang beendet ist. Die Maschine breitet einen Schokoladenteppich auf die Schablone aus und schließt nach Maßgabe der ausgestanzten Formen die Körper. Die Schablone wird abgehoben, bevor die Kuvertüre erkaltet ist. Es wird hierzu eine dünnflüssige Kuvertüre gewählt, die im Kakaobuttergehalt höher liegt als die Masse für die Hohlform.

Der Schokoladenfilm soll nicht einsinken oder Füllflüssigkeit aus der Form verdrängen; um eine starke Druckbelastung auf der Einlaufseite der Formen zu vermeiden, laufen sie im Bereich der Abdeckelvorrichtung mit höherer Geschwindigkeit als auf der vorangehenden Förderbahn.

In Kleinbetrieben wird eine dünne Schicht einer kakaobutterreichen Masse mittels Spritzpistole aufgetragen und mit dem Deckeln erst begonnen, wenn diese Auftragsschicht erstarrt ist.

Das Versprühen von Masse (Deckeln)

In größerem Maßstabe erfolgt das Deckeln durch Versprühen der Masse in Sprühkabinen aus Spritzdüsen. Die halbfertigen likörgefüllten Artikel werden zunächst einer einstellbaren Heizvorrichtung zugeführt, ehe sie auf der Bandstraße in die Sprühkabine gelangen. Die Sprühkabine, die doppelwandig und mittels Wasserboilers beheizbar ist, hat in der oberen Zone des kastenförmigen Gehäuses Sprühdüsen, welche die Masse schleierförmig in dem Kasten versprühen. Eine elektronische Schaltvorrichtung am Eingang der Sprühkabine setzt die Anlage in Betrieb, die automatisch wieder ausgeschaltet wird, wenn die gedeckelten Hohlkörper die Kabine wieder verlassen. Es ist ein hoher Sprühbehälter, so daß die Masse nicht aufklatschen kann, sich vielmehr in langsamem Fall ohne Griesbildung ablagern muß. Die Seitenwände sind durch Auffangbleche geschützt, so daß Masseverluste vermieden, Formverschmierungen ausgeschlossen werden. Figur 67 zeigt die Übersicht einer solchen Anlage.

12 Formträger
13 Heizvorrichtung
15 Sprühkabine
16 Sprühdosen
17 Schaltvorrichtungen
18 Schaltvorrichtungen
23 Reinigungswalzen
24 Reinigungswalzen
25 Motor

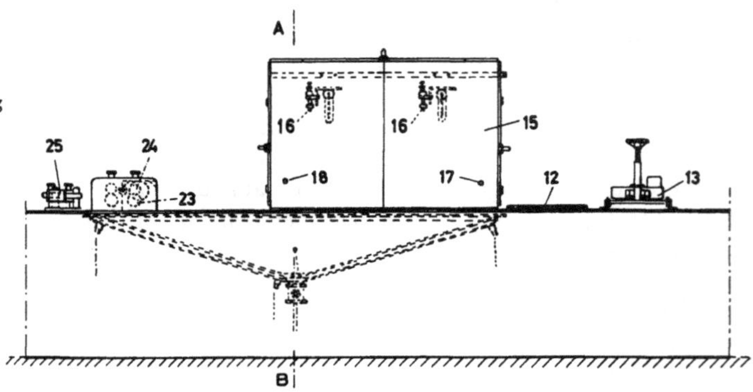

Fig. 67. Sprühkabine

Die Düsen sind in der Höhe verstellbar, in Hintereinanderfolge angeordnet und in der Öffnungsweite mittels eines Düsenstiftes einstellbar, außerdem mit einer vorgeschalteten Durchlaufmeßvorrichtung ausgestattet, so daß die Sprühmasse dosiert werden kann. Die Druckluftmenge wird durch Kompressor geregelt, um ein Zuviel oder ein Zuwenig der Auftragsmasse auszuschließen. Bei einem Zuviel besteht die Gefahr, daß die Ableckwalze den Film aufreißen könnte. Auch ein Zuwenig ist von Nachteil. Die Auftragsmasse soll hinreichend stark sein, um den Deckel tragen zu können, der im weiteren Gang des Verfahrens, außerhalb der Sprühkabinen aufgetragen wird.

Die Temperatur der Haube ist etwa 4—5 Grade höher als die Sprühmasse, die, um ein Verstopfen der Düsen zu vermeiden, vor dem Versprühen durch Siebe gereinigt wird.

Diese Methode ist insbesondere bei großen Stücken, bei likörgefüllten Tafelschokoladen geeignet, sie luftdicht abzusprühen. Ein Sprühfilm von 1 mm Stärke ist hinreichend, um den späteren Schokoladenboden zu tragen. Doppelformen, welche verschiedenartige halbflüssige Füllungen besitzen, werden übersprüht, nach kurzer Zeit der Kühlung zusammengeklappt, nach endgültiger Kühlung der Form entnommen. Die Sprühnebel werden bei Bedarf, so bei Ende des Prozesses, durch Saugvorrichtung wieder abgeleitet, gefiltert und erneut in den nächsten Umlaufprozeß gelenkt. Es ist eine Masse, in welcher Kakaobutter den Hauptanteil oder den ausschließlichen Anteil ausmacht. Die Schokolade überzieht auch die Restflächen zwischen den ausgestanzten Formen der Schablone, sie muß, bevor sie fest wird, wieder entfernt werden. Hierzu dient eine Vorrichtung, bestehend aus zwei übereinander angeordneten Walzen, welche entgegen der Laufrichtung der Hohlfiguren sich drehen. Die untere Ableckwalze nimmt die überschüssige Schokolade auf, die obere die Masse von der unteren Walze ab, um den Fall auszuschließen, Masse in die Formen zu drücken. Es ist ein Abwischen der Schokolade. Von der oberen Walze wird die Schokolade durch einen temperierten Schaber abgenommen und von einer Ablaufrinne aufgefangen. Es schließt sich, um die obere Randfläche zu entgraten, eine entsprechende Vorrichtung an, die in der Regel aus einem schräg zur Laufrichtung der Hohlformen gestellten elektrisch beheizten Schaber besteht. Nach dem Versprühen eines kakaobutterreichen Schokoladenfilms erfolgt das eigentliche Deckeln, das Auftragen der Schokoladendeckschicht. Dies geschieht durch Einstreichen der Masse, nicht durch Versprühen, weil dies Verfahren mit geringeren Kosten verbunden ist als das Versprühen der Masse.

Krustenlose Pralinen
Weinbrandbohnen, Weinbrandkirschen, Krempralinen

Neben den Weinbrandbohnen sind die Weinbrandkirschen branchenübliche Pralinen, deren Herstellung auf gleichen Arbeitseinrichtungen unter Zuschaltung einer Kremgießmaschine erfolgt.

Man wählt die Schattenmorelle, die Giottekirsche; sie wird in Fässern angeliefert, liegt in einer Spritlösung von ca. 17 %, wird in Weinbrand umgelegt (70 Teile Frucht und 30 Teile Weinbrand — 60 % —). Da die Kirsche ca. 15 % Saft hat, muß der Weinbrand erforderlichenfalls regeneriert werden.

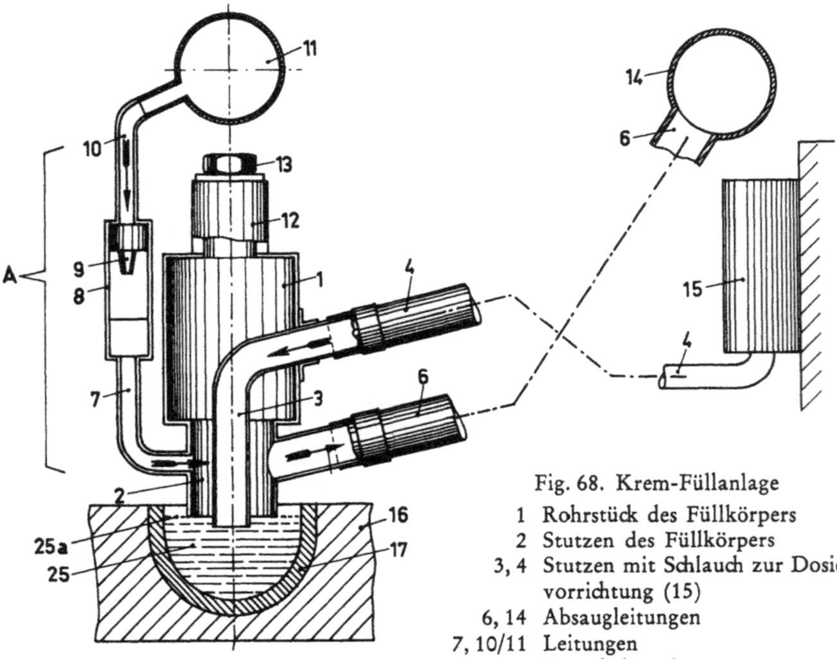

Fig. 68. Krem-Füllanlage

1 Rohrstück des Füllkörpers
2 Stutzen des Füllkörpers
3, 4 Stutzen mit Schlauch zur Dosiervorrichtung (15)
6, 14 Absaugleitungen
7, 10/11 Leitungen
8 Vernebelungskammer
9 Sprühdüse
12/13 Verschraubungen
15 Dosiervorrichtung
16/17 Formvorrichtungen
25, 25 a Füllmasse

Die Kirschen werden erst vor unmittelbarem Einlegen in den Hohlkörper entsteint.

Sie haben trotz Sortierung unterschiedliche Größen und füllen die Schokoladenhülsen ungleichmäßig aus. Jede Kirsche einer Weinbrandpraline liegt eingebettet in Krem. Als Kremfüllung dient im allgemeinen Fondant, welcher mit dem Weinbrand, in dem die Kirschen gelegen haben, zu einem Brei verrührt wird, der nicht zu dickflüssig sein darf. In dem Brei soll die Kirsche nicht nach oben steigen, damit der Boden bei dem nachfolgenden Deckeln der Praline glatt, und nicht rund wird. Der Brei wird angewärmt, nicht höher als 32° C, um eine Erweichung der Kuvertüre zu vermeiden, dann eine vordosierte Menge in jede Halbschale gefüllt.

Die Dosiermaschine besteht aus einem Füllkörper mit einem Füllstutzen, einem Absaugstutzen sowie einer Reinigungsvorrichtung, welche die überschüssige Kreme durch Versprühen von Frischwasser in Sammelbehälter ableitet und die Zu- und Ableitungen vor Verstopfungen bewahrt. Figur 68 zeigt eine Anlage, die eine vordosierte Kremmenge in jede Halbschale einfüllt und eine überschüssige Menge wieder absaugt. Die Kremfüllung erreicht infolge Absaugens nur eine bestimmte Sollhöhe, die etwa 2—3 mm unter dem Formrand liegt, so daß es möglich ist, den Deckel in den Rand, nicht auf den Rand der Schokoladenhalbschale zu setzen. Damit wird ein bündiges Abschließen von Boden und Oberkante erzielt.

Über den Füllstutzen, der koaxial den unteren Füllkörper durchgreift und einige Millimeter über den Rand des Füllkörpers hinausreicht, wird Masse in die Formen gedrückt, die in Trägerplatten ruhen und absatzweise vorgeschoben, vor dem Füllen angehoben werden. Der Füllkörper steht über eine Schlauchleitung unter Saugwirkung, die eintritt, wenn der Flüssigkeitsspiegel den Boden des Füllkörpers erreicht und einen dichten Abschluß mit dem Boden bildet. Mit diesem Abschluß ist die Höhe der Kremfüllung vorgegeben, die, wenn sie überschritten wird, in das seitliche Abzugsrohr abgesaugt wird.

Über eine Zuflußleitung wird in den unteren Raum des Füllkörpers Frischwasser in Nebelschwaden eingesprüht und über den Absaugstutzen zusammen mit der überschüssigen Füllkrem in Sammelbehälter abgeleitet. Füllkörper und Ableitungen können nicht verkrusten, die überschüssige Fondantmasse kann aufgearbeitet und wieder verwendet werden.

Die Körper passieren auf ihrer Bandstraße nach der Kremstation eine Hautziehstation, verbleiben eine kurze Zeit darin, damit der Fondant an der Oberfläche erhärtet und eine Haut ziehen kann, die fest genug ist, um ein Verlaufen von Krem und Schokolade zu vermeiden, wenn in der letzten Arbeitsstufe die Weinbrandkirschen gedeckelt werden. Eine dampfförmige Oberschicht würde zudem Anlaß zum Abblättern der Schokoladendecke geben.

Die Kirschen sind weich und klebrig, und nur wenn die Schalenränder ungenetzt von abtropfender Flüssigkeit bleiben, kann ein einwandfreies Deckeln geschehen. Das Einlegen ist vielfach noch Handarbeit. Die Figur 69 macht das maschinelle Einlegen von Früchten deutlich. Kernstück der Anlage ist eine Umlauftrommel mit eingelassenen Aufnahmetaschen, in die jeweils eine Kirsche durch den

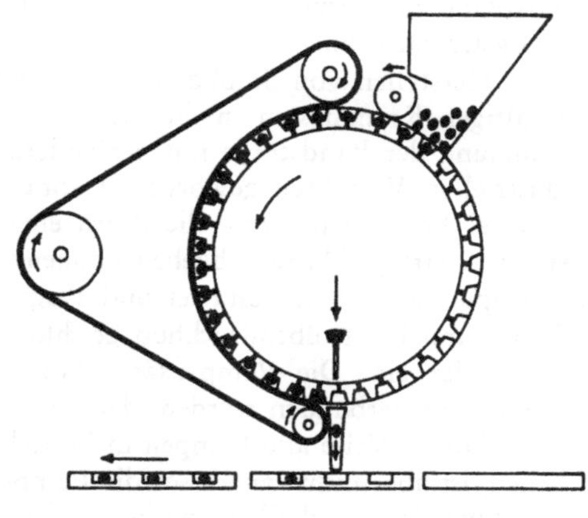

Fig. 69. Einlegevorrichtung für Kirschen

entsprechend großen Austrittsschlitz des oberen Fülltrichters fällt. Die Tasche ist gerade so groß, daß sie nur eine einzige Kirsche aufnehmen kann. Damit die Kirschen bei der Trommelumdrehung nicht aus der Tasche herausfallen können, läuft im Arbeitstakt der Trommel ein dicht anliegendes Band mit, das die Taschen abschließt. Dieses Mitläuferband endigt unmittelbar vor dem unteren konischen Trichter, der als Fülltrichter ausgebildet ist, so daß die Kirsche aus der offenen Tasche in diesen Fülltrichter hineinfallen kann. Um zu verhindern, daß die Kirsche haften bleibt, ist innerhalb der Trommel eine Reihe von Stempeln vorgesehen, die in die Taschen eindringen, die Kirsche an den Boden drücken und aus der Tasche herausdrücken, wenn sie vor dem unteren Einfülltrichter angelangt ist.

Die Weinbrandkirschen machen einen vorherigen Tiefkühlprozeß durch, ehe sie auf einem Etagenband in den oberen Fülltrichter eingeschleust werden; die Kreme, die auf die Kirschen aufgetragen wird, ist vorgewärmt und taut die Früchte auf, die, ehe die Hohlkörper gedeckelt werden, eine Zeit offen bei Raumtemperatur stehen, bis sie plastisch geworden sind.

Der Fruchtsaft der Kirschen invertiert während der folgenden Lagerzeit den Zucker der Füllkreme, so daß ein dünnflüssiger Füllbrei entsteht. Weinbrandkirschen sind erst in einigen Wochen verkehrsfähig.

Das maschinelle Zuführen der Einlagen mittels eines Umlaufrades ist in anderen Ländern, in den USA beispielsweise, eine häufig anzutreffende Einrichtung in den Süßwarenfabriken, sofern es Einlagen von gewisser Formfestigkeit sind (Nüsse, gefrorene Ananasstückchen).

Entsprechend der Vielzahl der Pralinen haben sich verschiedene Standardmethoden ihrer Herstellung entwickelt, Einlagen (Korpusse) zu tunken oder in der Überziehmaschine mit Schokolade zu überziehen, Halbschalen in Pralinengröße zu füllen und zu deckeln, Krustenartikel auszuformen und mit Schokolade zu überziehen, Formlinge im Drageekessel zu dragieren, um die wichtigsten zu nennen.

Das Herstellen von Schokoladenhalbschalen und das Einfüllen von zukkerhaltigen Kremmassen in die Schokoladenformen ist durch die Vervollkommnung der Bandstraße mit Schleuderanlage und Kremgießer zu einem industriellen Verfahren geworden. Gebräuchlicher Typ ist ein Kremgießer mit zwei Vorratskammern, die durch eine Zwischenwand geteilt sind und verschiedenartige Massen abgeben können. Jeder Massekasten ist mit einem Kolbenpumpensatz ausgestattet und saugt Masse über ein bei Saughub geöffnetes und bei Kolbendruckhub geschlossenes Absperrorgan in den Pumpenzylinder ein. Die Pumpensätze können zu einer Reihe mittels eines Querbalkens verbunden werden, der durch ein Triebwerk angetrieben wird und auf diese Weise alle Pumpen in Betrieb setzt. Dies kann gleichzeitig geschehen, ist aber nicht immer so; die Pumpen können durch Einstellung und Gestaltung des Querbalkens nacheinander in Funktion gesetzt werden und außerdem mit unterschiedlichem Hubvolumen arbeiten, so daß nacheinander und in unterschiedlicher Menge verschiedene Massen aus mehreren Massebehältern abgeteilt und ausgepreßt werden. Dies kann schichtweise nacheinander oder gleichzeitig nebeneinander erfolgen, wenn die Masse aus zwei Austrittsdüsen, die ineinander verlaufen, Figur 70, abgegeben wird. Die Außendüse umschließt mantelartig die Innendüse.

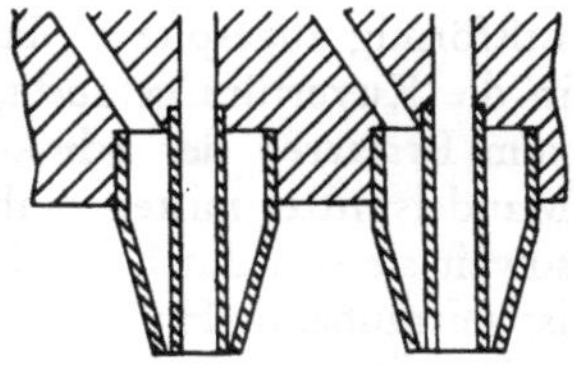

Fig. 70. Manteldüsen

Derartig ausgestattete Maschinen stellen in einem Arbeitsgang schokoladenumhüllte Kremartikel (Pralinen) her. Die Schokolade wird durch den äußeren Ringkanal zur Auskleidung des Bodens in eine Verpackungsfolie gefüllt, in der zweiten Zeitstufe folgt Massezulauf durch beide Düsen, in der äußeren die Schokolade, in der inneren die Füllkreme; hierdurch wird die Form gefüllt und seitlich geschlossen, durch Schokolade aus der Außendüse wird in der letzten Zeitfolge der Körper verschlossen.

Jeder Kolbenhub ist in Länge und Zeitfolge regulierbar, wodurch die Hubmenge der Kernmassen-Pumpenkolben als auch ihre Lage innerhalb der größeren Hubstrecke der Hüllmassen-Pumpenkolben veränderbar ist. Die Kern- und Hüllmassen können in gewünschten Relationen gehalten und weitere Effekte noch dadurch erreicht werden, daß die innere Düse mit dem Guß vor der äußeren einsetzt, wodurch nur teilweise schokoladenumhüllte Artikel entstehen. So werden gefüllte Schokoladenstränge durch gleichzeitiges Speisen aus zwei Massesträngen hergestellt und durch Schneid- und Stanzvorrichtungen in Einzelstücke aufgeteilt.

Um ein Vermischen und Verschieben zu vermeiden, kommt es wesentlich auf die Viskositätsgrade beider Schichten an. Es ist, um dieser Schwierigkeiten Herr zu werden, Standardmethode geblieben, die Hohlkörper erst zu fertigen, dann zu füllen, in einem Hautziehkühlschrank für die Ausbildung einer ebenmäßigen glatten Decke zu sorgen und anschließend zu deckeln.

Mandelsplitter

Es war das Nächstliegende, mit Hand die Einlagen zu überziehen, und das Handüberziehen ist in bestimmten Fällen als Arbeitsmethode erhalten geblieben. Hierzu dient ein einfacher Handzieh-Apparat: es ist eine heizbare Wanne mit vollautomatischer Temperaturregelung. Die Formstücke werden in eine Wanne, welche temperierte Schokolade enthält, mit der Überziehgabel eingelegt und untergetaucht, sorgsam herausgehoben, die überschüssige Schokolade wird abgestoßen, die Praline auf Pergaminpapier mit eingepreßtem Firmennamen abgesetzt und anschließend mit Spezialgabeln verziert. Auf diese Art werden die Prinzeßpralinen oder Mandelsplitter hergestellt, stiftförmig zugespitzte Mandeln mit Kuvertüre vermengt, auf einem Löffel in die Kuvertüre getaucht, herausgehoben und vom Löffel auf Unterlagen zum Erstarren der Schokolade abgesetzt, wobei mit größter Vorsicht die Mandelsplitter mittels Stäbchen wieder zu einem Berge angeschoben werden, soweit sie sich durch das Eintauchen in die Kuvertüre verschoben haben. Es ist zeitraubende Handarbeit.

Konditoreien benötigen zur Garnierung ihrer Torten solche Dessertstückchen (Schokolade-Mandelsplitter, Rosinenhäufchen u. ä.) und können mit einer einfachen Apparatur solche in großer Menge selbst herstellen. Figur 71. Diese Appatur besteht aus einem mit Durchlässen oder Ausnehmungen versehenen Kasten und einem Schieber, welcher in der Schräglage beweglich ist.

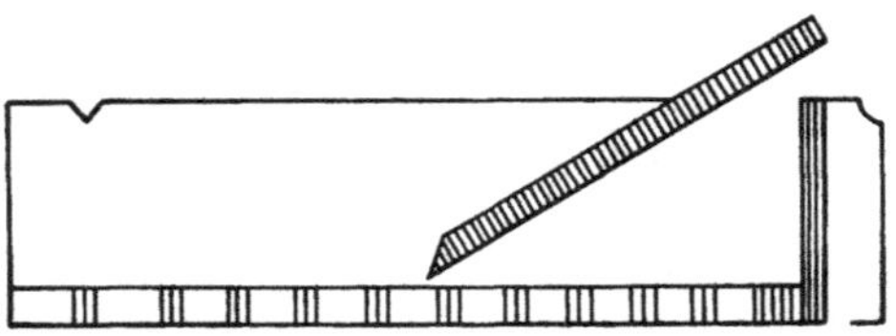

▲

Fig. 71. Einstreichkasten

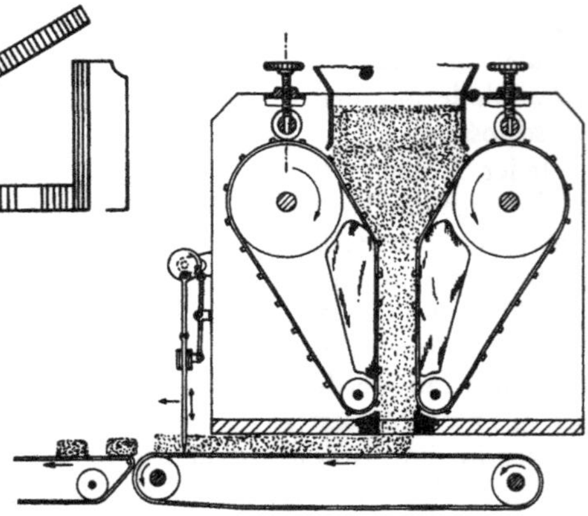

Fig. 72. Strangformer ►

Die Seitenwandungen weisen Führungsnuten auf, so daß der Schieber auf eine bestimmte Höhenlage eingestellt und gehalten werden kann. Er hat eine abgeschrägte Unterkante und besitzt beiderseitig Fußansätze, so daß die Konfektmassen schonend in die rechteckigen, runden oder ovalen Austrittsöffnungen am Boden gedrückt werden. Der Schieber ist in der Laufrichtung umkehrbar, drückt die Massestückchen, die von einer zweiten Bodenplatte abgestrichen werden, auf eine Unterlage. Die Stückchen werden gleich groß und haben gleiche Masse. Dem Einstreichkasten in der Figur 58 liegt dasselbe Konstruktionsprinzip zugrunde.

Die Förder- und Formvorrichtung der Figur 72 zeigt das Ausformen von dickbreiigen Massen zu einem Strang sowie deren Aufteilen in Teilstücke. Es ist ein Massebehälter mit trichterförmiger Aufnahmetasche und einer konisch sich verjüngenden, am Ende parallel verlaufenden Austrittsspalte. Die Masse wird über zwei endlose, gegenüber angeordnete und oberflächenseitig mit Querleisten versehene Förderbänder, die in Führungsschienen und über Rollen ablaufen, zur unteren Mundstücksleiste befördert, mittels Andrückrollen zu einem Strang geformt, durch Abstreifer vom unteren Bandteil abgenommen und als Strang auf ein Förderband gelegt. Er passiert auf dem weiteren Wege eine Schneidvorrichtung, die synchron mit dem Förderband arbeitet. Auf diese Weise können kernhaltige Schokoladenstücke geformt werden.

Pralinen-Einlagen

Vorrichtungen, welche plastische oder fetthaltige Massen über Walzen einziehen, ausformen und aufteilen, dienen vor allem der Herstellung von Einlagen für die Pralinen. Über Riffelwalzenpaare werden die Massen zu Strängen geformt, danach aufgeteilt. Das Aufteilen besorgt die Maschine in einem Arbeitsgang. Die Figur 73 zeigt eine Vorrichtung für fließfähige Massen. Infolge des Eigengewichtes gleitet die fetthaltige Masse aus dem Abgabebehälter in den Spalt des Zahnwalzenpaares, sie wird bei dem gegensinnigen

Fig. 73. Ausformer von Füllmassen (Teilstück von Fig. 72)

Fig. 74. Abrollvorrichtung für Marzipaneier u. ä. ▶

Umlaufen der Walzen gegen die Stauplatte gepreßt, die unterhalb des Walzenpaares pendelbar gelagert ist und mit den Außenkanten in die Sägezahnform eingreifen und Teilstücke auswerfen kann. Doppelformmaschinen weisen außer dem Auspreßkopf die bekannte Abrollvorrichtung nach Figur 74 auf, die es ermöglicht, Rundkörper (Marzipaneier beispielsweise) herzustellen.

Überziehen der Einlagen

Einen weiten Anwendungsbereich hat das Überziehverfahren gefunden, das mit den verschiedenen Größen der Überziehmaschinen auf die Betriebsgrößen der Pralinenherstellerbetriebe weitgehend abgestimmt ist. Die wesentlichen Teile der Überziehmaschinen sind Schleierkasten mit den Verteilerpfannen, Massebehälter mit Verbindungsleitung zum Schleierkasten, Vortunkeinrichtung, Leckwalze und die Fördervorrichtungen; verbunden mit den Überziehmaschinen sind Temperier- und Kühlvorrichtungen.

Die Figur 75 zeigt den Schleierkasten einer solchen Anlage. Die temperierte Kuvertüre wird durch ein ausziehbares Steigrohr aus dem Massebehälter, der sich unterhalb des Überziehkastens befindet, in die Verteilerrinne befördert und in die breitflächigen Verteiler geleitet. In Form eines Schleiers ergießt sich

Fig. 75. Schleierkasten

Fig. 76. Pralinenaufsetzapparat

die Schokolade auf die Einlagen, die auf einem Gitterband durch den Massestau befördert und allseitig überzogen werden.

Die Verteilerpfannen sind nach der Höhe und in der Richtung des Durchlasses verstellbar und können mit ihren regulierbaren Schiebern den Schokoladenschleier in seiner Stärke variieren.

Die Einlagen werden auf das Aufgabeband gesetzt, gleiten vom Aufgabeband auf das Gitterband, das eine größere Fördergeschwindigkeit besitzt als das Aufgabeband, so daß die Reihenabstände der Einlagen sich vergrößern. Den größeren Anlagen sind Pralinenaufsetzapparate vorgeschaltet. Figur 76. Sie besitzen Verteilerstäbe, die durch sinnreiche schlangenförmige Bewegungen die Einlagen in abgegrenzte Bahnen leiten und in Längsreihe einordnen, welche in dieser Ordnung auf dem Förderband die Anlage durchlaufen. In Figur 82 liegt dieses Bauprinzip einer Vorrichtung zugrunde, die die Pralinen in Einzelreihen auf dem Wege zur Verpackungsstation einordnet.

Vorgeschaltet dem Überziehraum ist eine Vortunkeinrichtung, um einen gleichen und dicken Boden der Korpusse zu erzielen. Zwecks Antunkens des Bodens wird mittels einer Hochbringerwalze Schokolade durch das Gitterband hindurchgedrückt und zu einem in der Höhe und Länge regulierbaren Wall gestaut. Die Walze reicht mit ihrer Mantelfläche nahezu an das Gitterband (vgl. in Figur 77 die untere Walze als Zubringerwalze). Der Abstand muß während des Überziehens derselbe, die Tiefe des Strömungsbettes der Bodenüberziehvorrichtung unverändert bleiben, um gleiche Dicke des Bodens zu erreichen, unabhängig von der Belegungsdichte des Fördergitters. Die Tauchwalze oder Hochbringerwalze läuft in einer massegefüllten Wanne um und nimmt hierbei Masse aus der Wanne mit. Eine Schälleiste bestimmt mit dem regelbaren Abstand zur Walzenfläche die Dicke der mitgeführten Schokoladenschicht, die durch das Gitter gedrückt wird. Nach dem Vortunken laufen die Einlagen auf einem Wachstuchband über eine 3—5 Meter lange Kühlplatte mit Kühlrohrsystem, wobei der vorgetunkte Boden erkaltet und sich vom Wachsband löst.

Es folgt das Überziehen der Einlagen im Überziehraum. Er ist in der Regel mit zwei hintereinander geschalteten Verteilerrinnen ausgestattet, so daß die auf dem Gitterband transportierten Waren zweimal den Schokoladenschleier passieren, nacheinander dünnschichtig überzogen werden. Überschüssige Schokolade läuft durch das Gitterband in den Massebehälter zurück. Die Pralinen werden, um das Abtropfen zu beschleunigen und eine Gleichmäßigkeit des Überzuges zu erreichen, mit Luft angeblasen; hierbei entsteht je nach Stärke der Anblasluft, die mit einer Geschwindigkeit von 10—15 m/sec auf die frisch überzogenen Körper trifft, eine wellige oder eine glatte Oberfläche. Die Ausbildung der Oberflächenwellen hängt davon ab, ob der Luftstrom senkrecht auf die horizontale Oberfläche auftrifft, dann wie ein Abstreifmesser wirkt, oder auf die Seitenwände der Körper gerichtet ist, dann durch die Schubspannung den unter dem Einfluß der Schwerkraft stattfindenden Ablaufvorgang nur beschleunigt. Die Richtung des Luftstromes ist durch das Ziel, Masse abzublasen, vorgegeben, ebenso die Geschwindigkeit, die von der Dicke der Kuvertüreschichten abhängt. Auch die Viskosität der Kuvertüre ist für die Ausbildung eines kalkulationsgenauen Überzuges maßgebend, wobei zur Erzeugung dünner Überzüge Kuvertüren mit 44 % Kakaobuttergehalt bevorzugt, für dicke Überzüge hingegen Kuvertüren mit darunterliegenden Kakaobutterwerten gewählt werden.

Bei Pralinen ist kein Gewichtsanteil für den Schokoladenüberzug vorgeschrieben im Gegensatz zu den gefüllten Schokoladen, bei welchen die Füllmasse max. 75 %, die Schokoladenhüllmasse min. 25 % betragen muß.

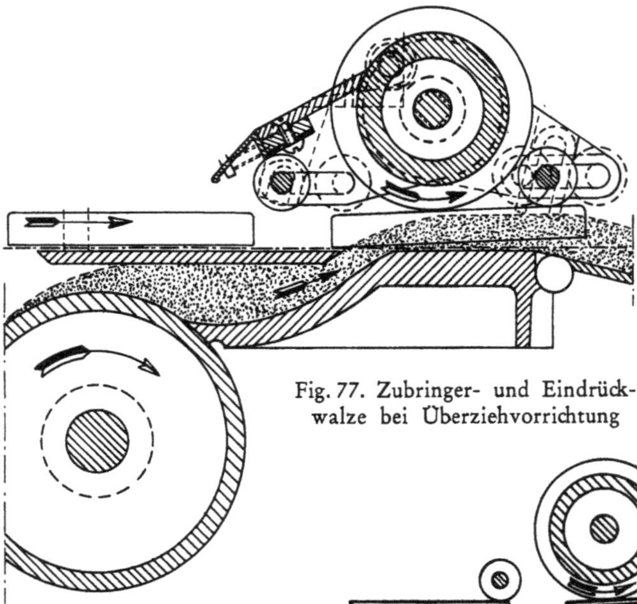

Fig. 77. Zubringer- und Eindrückwalze bei Überziehvorrichtung

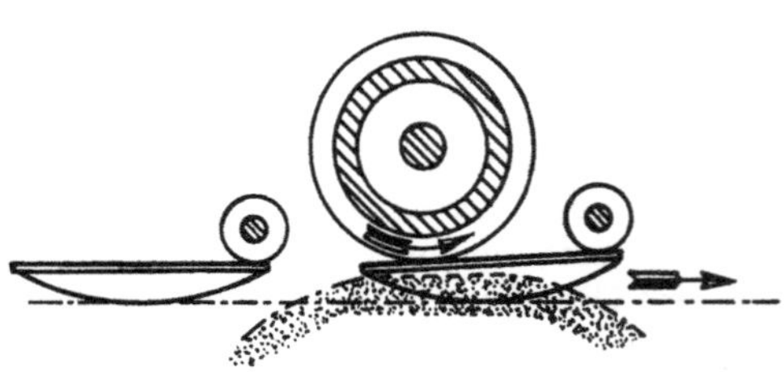

Fig. 78. Eindrückwalzen zu Figur 77

Der Überziehraum soll eine bestimmte Temperatur (ca. 20° C) einhalten, um ein Nachstellen des Windgebläses wegen wechselnder Temperaturen auszuschließen, er muß frei von Zugluft sein, um ein vorzeitiges Erstarren der Kuvertüre zu vermeiden.

Die Körper sollen keine Latschen bilden, was geschehen kann, wenn sie aus dem Schokoladenbad gehoben und auf dem Transportband zur Kühlbahn gefördert werden. Deswegen ist eine schnellaufende Entschwänzerwelle zwischen Drahtgitterband und Kühlband eingebaut, die durch ihre Geschwindigkeit alle Fäden abstreift und so zur Ausbildung eines sauberen fußlosen Bodens beiträgt.

Die Überzugsmasse muß gut temperiert und der überzogene Körper sorgfältig gekühlt werden, wofür gewichtige Gründe bestehen (Seite 82). Den Überziehanlagen sind Einrichtungen für das Temperieren eingegliedert und Vorrichtungen für das Kühlen der überzogenen Körper angeschlossen. Die Pralinen laufen nach Verlassen der Überziehmaschine über eine 2—3 Meter lange Bahn und kühlen hierbei schon vor dem Einlaufen in den Kühltunnel um 5—6 Grad ab. Diese Bahn dient ferner als Verziertisch, auf welchem die Stücke mit Dekors versehen werden können.

Der Möglichkeiten gibt es viele, Einlagen teilweise zu kuvertieren, entweder nur den Boden anzutunken, die Oberseite zu überziehen oder nur einen halbseitigen Überzug anzubringen. Für den Fall, daß leichtgewichtige Stückchen überzogen werden sollen, kommen Maschinen mit Eindrückwalzen zum Einsatz, Figur 77. Die Walzen drücken die Körper in den Schokoladenwall, je nach dem Grade des Überziehens, verschieden tief ein. Gewölbte rundliche Stücke, deren Boden ohne Überzug bleiben soll, liegen mit ihrer konvexen Seite auf dem Gitterband, welche nur auf dieser Seite bei dem Durchschleusen durch den Schokoladenwall überzogen werden. Es laufen kleine Walzenrollen mit, Figur 78, damit die Körper, wenn sie die Eindrückwalze verlassen, infolge des Auftriebes durch die Schokolade nicht nach oben austreten können, und, wenn sie in den Bereich der Eindrückwalze einlaufen, nicht auf den Scheitel des Schokoladenwalls angehoben werden.

Zuckerkrustenartikel

Das Pralinensortiment weist Zuckerkrustenartikel mit alkoholhaltigen Füllinhalten auf, von denen nur die schokoladenüberzogene Weinbrandbohne als Beispiel behandelt und ihre Herstellung auf einer Mogulanlage (Einstempel-, Gieß- und Auspudermaschine) beschrieben werden soll.

Das Ausformen der Zuckerhülsen steht am Beginn und erfolgt in Puderkästen; sie sind mit kleinkörniger Puderstärke gefüllt, Mais- und Weizenstärke, vornehmlich Mischungen beider. Einstempelmaschinen prägen die Formen. Bevor eine Stärke als Formpuderstärke in Gebrauch genommen wird, macht sie einen mehrmaligen Trocknungsprozeß durch. Damit wird erreicht, daß bei Erwärmung über die Koagulationstemperatur die restlichen Eiweißteilchen in der Stärke sich zusammenballen, nicht erst beim Eingießen der warmen Zuckerlösung in den Puder fest werden. Ohne diese thermische Vorbehandlung würde die native Stärke Risse und undichte Formwandungen bilden, wenn sie die Gießlösung aufnimmt. Die Stärkepuderkästen werden in Wärmeräumen auf eine Temperatur von 50°—60° C vorgewärmt, um den Feuchtwert auf 5 % zu senken, und sie haben eine Temperatur von ca.

35° C, wenn die Formen gefüllt werden. Getreidestärken besitzen einen Feuchtwert von 14 %; sie stellen sich an der Luft auf diesen Wert ein, nehmen, wenn die Lösungen in den warmen Puder gegossen werden, Feuchtigkeit auf, Wasser aus den Zuckerlösungen, wobei durch eine ständige Luftumwälzung für Fortzug feuchter Luft Sorge getragen wird.

Die Einlagen kühlen allmählich ab, der Puder dient als Wärmeisolator, und dieses allmähliche Abkühlen ist für die Ausbildung einer gleichmäßigen Zuckerkruste neben der Gütebeschaffenheit des Zuckers wesentliche Voraussetzung. Man wählt Raffinade. Der Einkochgrad hängt davon ab, wie stark die Kruste werden, wieviel Weinbrand die Füllung enthalten soll (89° bis 95° R). In der Regel liegt bei Weinbrandbohnen der Zuckerkochgrad bei 90° R, bei Punsch- und Rumbohnen bei 93° R; er ist deswegen höher, weil die Säure der Spirituosen invertierend wirkt und dadurch die Festigkeit der Zuckerdecke reduziert wird. Durch die stärkere Dimension der Zuckerdecke wird dieser Nachteil wettgemacht. Die Zuckerlösung hat ungefähr 34 Bé-Grade, sie erreicht für die likörgefüllten Artikel 36 Beaumegrade und hat, wenn, was behutsam geschehen muß, der Alkohol zugegeben wird, mindestens 32 Beaumegrade.

Es soll eine dichte Zuckerhülse entstehen. Fremdstoffe in der Zuckerlösung führen zur Ausbildung unregelmäßig geformter Kristalle. Zu den Fremdstoffen sind die Verunreinigungen des Zuckers, die bei der Grundsorte um Werte von 0,01 % liegen, und die Mineralstoffe des Wassers, deren Gehalt in den Härtegraden einen zahlenmäßigen Ausdruck findet, zu rechnen. Die Verunreinigungen sind der Anlaß dafür, daß eine Decke aus unregelmäßig geformten Kristallen sich bildet. Sie wirken deformierend auf die Kristallform, sie passen wegen ihrer Größe nicht in das Zuckerkristallgitter, sie adhärieren am Zuckerkriställchen oder bilden selbst Kern eines unregelmäßigen Kristalls. Mit ihren rauhen Flächen fangen (fixieren) sie die in der Lösung herumschwimmenden gelösten Teilchen (Moleküle) ein und wachsen schneller als die glattwandigen reinen Kriställchen zu größeren ungeformten Gebilden an. Sie liegen in Unordnung und eingestreut in die Menge der kleinen regelmäßigen Zuckerkristalle. Damit wird die Decke uneinheitlich und bei unterschiedlichen Kristallgrößen undicht.

Fremdkörper sind Anreiz zur Zuckerkristallbildung. Die Praxis macht sich dies zunutze, indem sie die Einlagen bepudert, mit warmem Puder in einer Streuvorrichtung besiebt, wenn auch an der Oberfläche die Bildung von Zuckerkristallen vorangehen soll.

Um eine gleichmäßige Zuckerkruste zu erhalten, werden die Hülsen nach zwei Stunden mittels eines Drahtbügels gewendet. Die Puderkästen stehen in Wärmekammern, die Zuckerlösung ist noch übersättigt, der Kristallisationsprozeß nach zwei Stunden noch nicht beendet. Eine weitere Voraussetzung ist es, die Puderkästen vor Erschütterungen zu bewahren, sie in einem ruhigen Raum abzustellen. Es schließt sich am folgenden Tage das Auspudern der Krustenartikel an.

Am Anfang einer Moguanlage steht eine Puderkastenfüllstation. Der Puder wird mit Brechern umgewälzt, aufgelockert, gesiebt, dann eingefüllt, durch Klopfvorrichtung verdichtet, dann glattgestrichen, anhaftender Puder von den Seiten der Kästen abgestrichen. In der Auspudervorrichtung werden die Einlagen durch Bürsten vom Puder gereinigt. Die Bürstenführung dieser Anlagen ist unterschiedlich und abhängig von der Druckempfindlichkeit der Stücke. (Likörgefüllte Krustenartikel oder gegossene Geleesachen.) Bei Fondant- und Geleeartikeln werden die Puderkästen in der Kippstation gewendet, wobei der Puder mit der gegossenen Ware auf eine darunter befindliche Rüttelschurre gleitet. Die Figur 79 gibt einen Teillängsschnitt des Förderbettes der Entpuderungsanlage wieder. Der untere muldenförmige Bürstenboden führt hin- und rückläufig Schwingbewegungen aus, der obere Bürstensatz führt Schwingungen gegen den unteren aus, die quer zur Förderrichtung verlaufen. Dadurch rollen die Kernstücke langsam über den unteren Bürstenbelag und machen gleichzeitig in der Querrichtung eine Rollbewegung.

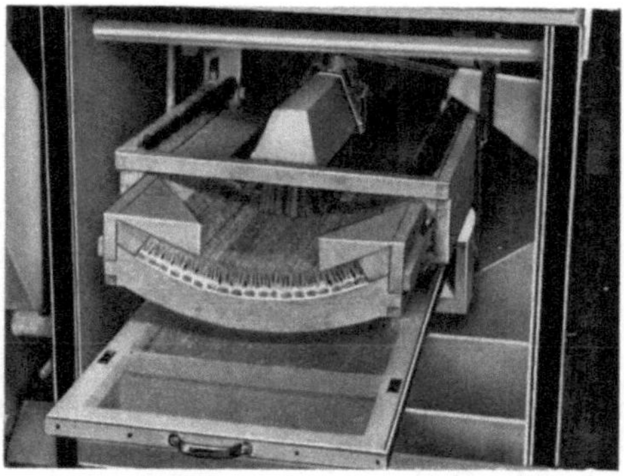

Fig. 79. Bürstenboden und Puderreinigungssieb einer Entpuderungsanlage

Für die alkoholhaltigen Krustenartikel kommen die Universalauspudermaschinen zum Einsatz. Sie arbeiten mit Bürstensätzen, bei welchen die Bürsten wechselseitig schräg stehen, über die Stücke gleiten und nur eine geringe Druckwirkung ausüben. Die Stücke liegen auf dem Drahtgitter auf und werden der Bürstenstation zugeführt. Von unten reichen durch das Gitter rotierende Bürsten hindurch, darüber angeordnete Tupfbürsten lockern und entfernen den Puder von der Oberseite der Stücke. Dadurch, daß die Bürsten eine auf- und abgehende wie eine hin- und hergehende Bewegung haben, werden alle Seiten der Stücke bestrichen und gesäubert. Unterstützt wird die Wirkung durch Blasdüsen, die die Stücke auf dem weiteren Wege, auf welchem sie durch Niederhaltevorrichtungen festgehalten werden, von unten anblasen.

Die krustenhaltigen Einlagen werden nach dem Entpudern auf der Überziehmaschine mit Kuvertüre überzogen.

Ihren glänzenden Überzug behalten die alkoholhaltigen Körper nur für eine beschränkte Lagerzeit. Die Zuckerkristalldecke wird infolge von Temperaturänderungen zerstört, es zeigt sich nach gewisser Lagerzeit eine Pustelbildung und ein Einfallen der Außendecke. Die Zerstörung ist auf den Temperaturwechsel während der Lagerung in erster Linie zurückzuführen. Bei Temperaturanstieg löst sich Zucker aus den Randschichten auf mit der Folge, daß die gesättigte Lösung absinkt, die spezifisch leichtere Lösung aus dem Innern des Hohlkörpers aufsteigt. Sie löst Zucker aus der Decke auf, bis auch sie gesättigt ist, um dann ebenfalls nach unten abzusinken. Es wird vorwiegend Zucker aus der oberen Decke, und nicht gleichmäßig aus der Wand gelöst, wenn der Krustenartikel Temperaturschwankungen unterliegt. Bei Temperaturrückgang fallen Zuckerkristalle aus, die sich an den Wänden absetzen. Die Randschichten geben den übersättigten Zuckergehalt ab, sie steigen nach oben infolge ihres geringeren spez. Gewichtes, die spez. schwere Schicht aus dem Innern sinkt ab und gibt ihren überschüssigen Zucker in Form von Bodenkristallen ab. Man findet bei gelagerten Likörbohnen eine geschwächte Decke und eine verstärkte Bodenschicht, an der Decke abgewaschene, am Boden und an den Seitenwänden scharfkantige Kristalle.

Die Zuckerkristalle sind wegen der Fremdstoffe im Likör, Weinbrand, Rotwein ungleichmäßig ausgebildet, die Zuckerdecke weist Kapillaren auf, welche eine Saug- und Druckwirkung ausüben. Der Alkohol diffundiert in die Zuckerdecke und trifft auf die Kuvertüre. Liegen nun Kakaogewebeteile und Zuckerteile nebeneinander, nicht vom schützenden Kakaobutterfilm umschlossen, so dringt der Alkohol oder eine sonstige Flüssigkeit mit niederer Viskosität auch durch diese Kapillargänge hindurch und verdunstet an der Oberfläche, oder aber der Alkohol wird vom Kakaogewebe aufgesogen, das hierbei aufquillt. Es kommt zu einer Zerstörung der Schokoladenwandung.

Der Alkohol beeinflußt die Zuckerlöslichkeit, sie geht stärker zurück als die prozentualen Alkoholanteile ansteigen. Es verbietet sich wegen der Löslichkeitsverhältnisse ein Zugeben konzentrierter Alkoholzusätze zu flüssigen Pralinenfüllungen.

Tabelle betr. die Löslichkeit des Zuckers in Alkohol bei + 14 C.

Gewichts-Prozente Alkohol	Prozente Zucker	Menge des Zuckers in Gramm, die 100 g des Gemisches Wasser/Alkohol lösen
0	66,20	195,8
5	64,25	179,7
10	62,20	164,5
15	60,40	152,5
20	58,55	141,2

Qualitäts-Weinbrandbohnen mit Kruste haben einen Alkoholgehalt von 16 %. Die krustenlosen Pralinen können einen höheren Alkoholgehalt in der Füllung aufweisen, zeichnen sich aber durch eine geringere Lagerfähigkeit im Vergleich zur Krustenware aus. Die Zuckerlösung wird eingedampft (89° bis 90° R), und nach mäßiger Abkühlung, um Alkoholverluste zu vermeiden, 60%iger Weinbrand hinzugesetzt. Der Prozentanteil sinkt nach dem Vermengen auf den angegebenen Wert ab. Das Zugeben des Weinbrandes geschieht in besonderen Mischkesseln mit seitlichen Kühlrohren, in denen die Alkoholdämpfe sich kondensieren.

Die alkoholische Zuckerlösung als Füllflüssigkeit der Pralinen und der Weinbrandbohne soll 32 Bé-Grade haben, was dem Sättigungsgrade bei gewöhnlicher Temperatur entspricht. Die Gießlösung hat eine etwaige Temperatur von 50°—60° C; jede stärkere Abkühlung wird vermieden, um den Fall auszuschließen, daß schon vor oder bei dem Gießen Zuckerkristalle ausfallen. Die Alkoholzusätze bewirken eine starke Übersättigung der Zuckerlösung, weshalb das Gießen nach unmittelbarem Zusetzen des Alkohols (Weinbrands) erfolgen soll. Je stärker die Übersättigung, um so kleinkörniger ist das Kristallisat; etwa 3/5 des gelösten Zuckers fällt als Kristallisat aus.

Es ist aus technischen wie kalkulatorischen Gründen nicht üblich, fertige Liköre dem Zuckersud beizumischen, vielmehr die Ingredienzen, die Aromastoffe und Essenzen, erst zu einem Zeitpunkt zuzusetzen, zu welchem der Eindickungsprozeß beendet ist, und sie zusammen mit dem Alkohol (Weinbrand) einzurühren, wenn die Zuckerlösung heruntertemperiert ist.

Eine geringe Lagerfähigkeit haben die Rotweinbohnen. Die Fruchtsäuren des Rotweins wirken invertierend auf den Zucker, es bilden sich daher keine harten Kristalle. Um die Inversion gering zu halten, werden die gegossenen Waren nicht in die Wärmekammer abgestellt, vielmehr wird durch Kaltluftzufuhr der Zucker zum baldigen Auskristallisieren gebracht.

Auch während der Lagerung der Pralinen hält infolge des Säuregehaltes der Füllinhalte die Invertzuckerbildung an, mit der Folge, daß Lücken in der Zuckerdecke entstehen.

Dragieren — Dragees

Das Dragieren ist ein weiteres Verfahren, Einlagen (Formlinge) mit Schokolade zu überziehen. Nüsse, Mandeln, Linsenkaramellen u. a. eignen sich hierfür. Die Schokolade wird temperiert, soll dünnflüssig sein, damit sie sich im Drageekessel gut verteilen kann. Als Überzugsmasse dient Kuvertüre wie auch Schokolade. Sie wird in mehreren Chargen und in kleinen Anteilen zugegeben. Die Kessel laufen mit 24—28 Umdrehungen in der Minute, haben eine tulpenähnliche Form mit einer runden Öffnung, sind schräg gestellt, so daß ihre Mittelachse einen spitzen Winkel mit der Lotrechten bildet (40 Grad), sie ruhen mit ihrem Getriebegehäuse in einem U-förmigen Ständer. Infolge der Schrägstellung der Drageekessel rotieren die Rohlinge derart, daß die unteren Lagen nach oben gehoben, von der oberen Lage an der Wandung abrollen, übereinander laufen, hierbei aneinander reibend, so daß die Schokolade in dünner Schicht auf den Einlagen bleibt. Sie muß vor vorzeitiger Erstarrung bewahrt bleiben, um Buckelbildungen auf den Rohlingen auszuschließen und ein Verklumpen zu vermeiden. Eine übertemperierte Schokolade schmiert. Hierzu neigt die fettreiche Kuvertüre, die immer dann aufgetragen wird, um Ungleichheiten zu beseitigen, einen glattwandigen dünnen Schokoladenfilm aufzutragen. Eine fettarme Masse eignet sich zum Krausdragieren; durch die Kühlluft kommt es zu einem schnellen und punktmäßigen Erstarren, zu einer Kräuselung der Oberfläche.

Eine Schokoladenmasse wird durch Feuchtigkeitsaufnahme dickklumpig. Daher wird, um die Haftfestigkeit zu erhöhen, auf den Formling erst eine Zuckerlösung mit Stärkesirupzusatz aufgetragen, d. h. der Formling wird angedeckt, dann erst mit dem Auftragen der Schokoladendecken begonnen, schließlich durch Einblasen von Kühlluft ein Festwerden der Schichten beschleunigt. Ein solches Anfeuchten kann nach jedem Auftragen und Festwerden der Schokoladendecke erfolgen. Die letzte Decke wird mit reiner Kuvertüre aufgegeben. Der Kessel bleibt beim Dragieren offen, erst nach dem Auftragen der letzten Decke wird er verschlossen, die Kühlluft abgestellt, damit in dem geschlossenen Kessel die Korpusse warm laufen und infolge Reibungswärme die obere Schokoladendecke zum Erweichen gebracht wird mit der Folge, daß kleine Unebenheiten zugerieben werden. Zum Abziehen der Feuchtigkeit bleibt lediglich ein kleiner Lochdeckel offen. Die Formlinge laufen bei niederer Feuchtigkeit und bei geringer Umdrehungszahl des Kessels trocken und werden anschließend geglänzt. Milchschokoladen lassen sich schwerer glänzen als Bitterschokoladen. Daher wird erst eine dünne Schicht Bitterkuvertüre aufdragiert, ehe Milchschokoladendragees geglänzt werden. Als Glanzmassen dienen Mischungen von gelöstem Gummi arabicum und verdünntem Stärkesirup oder die Glanzfettmischungen, die zum Glänzen der Schokoladenstreusel verwendet werden.

Schokoladenstreusel — Trüffelstreusel

Die Schokoladenstreusel oder Trüffelstreusel werden durch Sieböffnungen gepreßt und als kurze Streusel geglänzt. Die Streuselmasse wird gewalzt, in einem Weichmacher (Melangeur) plastifiziert und ohne Behandlung in einer Conche verarbeitet. Ein kreisrunder Behälter nimmt die bröcklige geschmeidige Masse, die nicht auseinander fließen darf, auf, der Boden ist siebförmig durchlöchert und konisch gestaltet. Kleine Walzen rotieren in dem kreisförmigen Behälter und drücken die Masse durch die Sieböffnungen. Gegen die Masse der Fäden wird ein Kaltluftgebläse gerichtet, beim Anblasen brechen die Fäden ab und fallen auf ein Laufband, das zum Kühltunnel führt. Diese Fäden, die einen ungefähren Durchmesser von 1,2 mm haben, im übrigen von unterschiedlicher Länge sind, werden im Drageekessel weiterbehandelt. Die längeren zerbrechen in die kurzen Streusel, sie werden angedeckt (Zucker- und Stärkesiruplösung), dann poliert. Dies geschieht am nächsten Tage, wenn die Streusel im Kasten endgültig ausgekühlt sind. Im fertigen Drageekörper stehen die Einlagen und Decken in einem bestimmten Masseverhältnis zueinander, das bei den Linsendragees 1 : 2 oder 1 : 1

sein kann, bei den Streuseln in der Regel 20 : 1 ist. Dem Polieren mit Schokolade schließt sich das Glänzen mit einer Glanzfettmischung an. Es haben sich solche aus Hartfett, Weichfett und Bienenwachs in gleichen Anteilen bewährt. Sie werden in kleinster Menge, Walnußgröße für den ganzen Drageesatz, hinzugeben. Die Masse darf weder zu weich noch zu trocken sein, um zu vermeiden, daß die Fäden zusammenbacken oder krümeln.

Konsumstreusel enthalten Fremdfette, die auf einen hohen Grad gehärtet sind (38° C). Dies geschieht, damit die Fette schnell erstarren, die Streusel in kurzer Zeit hart werden, wenn sie durch das Sieb der Streuselmaschine gedrückt werden.

Die Trüffelstreusel, die zum Garnieren von Trüffelmassen dienen, sollen nicht blind werden. Es kann so vorgegangen werden, daß die Trüffeln in einer Schüssel, in die flüssige Schokolade gespritzt ist, umgewälzt werden und so eine dünne Schokoladendecke erhalten, dann in einen rotierenden Drageekessel mit Trüffelstreuseln geschüttet werden. Sie bleiben an der Oberfläche haften und behalten ihren Glanz.

Fondant-Dessert-Pralinen

Unter den Schokoladenwaren nehmen die Pralinen mit ihren vielfältigen Füllungen — Fondant, Agargelee, Trüffel, Krokant, Nougat, Marzipan — ein Hauptkontingent ein. Die Füllinhalte bestimmen die Technik des Überziehverfahrens.

Nur die Besonderheiten, die auf die Herstellungsverfahren der Pralinen und auf die Lagerfähigkeit Bezug haben, können erwähnt, Einzelfälle lediglich zur Erörterung der Besonderheiten aufgezählt werden.

Fondant ist eine Standardware mit Standardmaßen im Bewußtsein der Verbraucher, in der Regel bestehend aus Zucker und Stärkesirup im Verhältnis 4 : 1. Für den Stärkesirup hat sich allgemein die Bezeichnung „Glucosesirup“ durchgesetzt. Stärke wird gespalten — konvertiert — und je nach dem Verzuckerungsgrad ein in der Zusammensetzung wechselnder Sirup gewonnen.

Es wird für Standardware ein normal-konvertierter Glucosesirup von 43 DE oder von 45 DE — Dextroseäquivalenten — gewählt. Ein solcher Sirup hat in der Trockensubstanz 43 bzw. 45 % Dextrose, Maltose und Trisaccharide, während der Rest auf höhere Saccharide entfällt. Der Feuchtwert liegt bei 20 %, bei dem Sirup mit höherem Verzuckerungsgrad bei 16 %.*

Im Fondant liegen die Zuckerkriställchen eingebettet in einen Zuckersirup und ergeben ein glitzerndes weißes Aussehen, solange die durch das Einschla-

* Über die Herstellungsmethoden der Pralinenfüllmassen ist in Fachbüchern das Notwendige enthalten. (Parlow: Schokolade und Konfekt [T. V. Cram], Seite 165 ff. [Fondant], Seite 155 ff. [Marzipan], Seite 181 ff. Agargelee.)

gen von Luft hervorgerufene lockere Gefügestruktur erhalten bleibt. Der Fondant kann durch ein Frappe weiter aufgelockert und zu einem leichten, schaumigen, porösen Fondantkrem aufgeschlagen und zu Pralinenfüllungen verwendet werden. Als Aufschlagmittel dienen Eiweißstoffe. Ein solches ist Hyfoama, d. i. ein hydrolisiertes Milchprotein, es wird in Wasser gelöst und mit Staubzucker zu einem festen Schnee aufgeschlagen, ihm wird der Kochsatz, bestehend aus Zucker und Glucosesirup nach Art des Fondants, durch langsames Zurühren beigemischt, unter Umrühren der Zuckersatz dem steifen Schnee beigegeben.

Durch Zusetzen von Kuvertüre entsteht eine lockere Schokoladenfondantfüllung ohne einen aufdringlichen süßen Geschmack und ohne klebende Eigenschaft beim Verzehr.

Solche Zusätze werden auch für Füllmassen auf Nußgrundlage (Haselnußmasse) verwendet.

Viele Dessertpralinen, Schokoladenhalbschalen, Riegelbarren haben Füllmassen auf der Grundlage von Fondant, Marzipan, Zucker und Fetten, wofür das folgende Standardrezept angegeben werden kann:

12 kg Fondant, 10 kg Marzipan, 7 kg Butter, 7,5 kg gehärtetes Pflanzenfett, 8 kg Puderzucker, 2,3 kg Nurupan.

Der Fondant wird angewärmt (35° C), Marzipan in einer Knetmaschine mit einem Fondantanteil verarbeitet, um ein späteres Klumpen auszuschließen, hierzu das Nurupan hinzugegeben, um einer Ranzidität der Fette im Fertig-Mix vorzubeugen. In der Zwischenzeit werden Butter und Pflanzenfett miteinander vermengt und, wenn schaumig gerührt, die Zuckeranteile hinzugegeben. Alle Teile werden schließlich in einer Rührmaschine, in einem Kneter, homogenisiert und plastifiziert, erforderlichenfalls mit entsprechenden Geschmacksingredienzen versehen.

Trüffel-, Nugat-, Marzipan-, Krokant-Pralinen

Trüffelmassen müssen, Nugatmassen können Kakaobestandteile enthalten. Trüffelmassen sind schokoladenartige Zubereitungen, welche nach den Begriffsbestimmungen Kakaomasse, Kakaobutter, Zucker vielfach auch Butter sowie solche Geschmacksstoffe enthalten, die ihnen einen besonderen Charakter als Genußmittel verleihen (wie Rum u. dgl.). In der Schokolade gibt das erstarrte Kakaofett das Gefüge ab. In der Trüffelmasse ist das Fett zusammen mit dem Kakaokerngewebe in feinem Gemisch mit dem Zuckersirup vorhanden, wobei die prozentuale Zusammensetzung dafür bestimmend ist, ob eine Emulsion von Fett in Zuckersirup vorliegt, oder im Fett die anderen nichtfettigen Anteile verteilt sind. Um eine gute Emulsion zu erhalten, werden die fetthaltigen und die wasserhaltigen Bestandteile unter Zugabe von Lecithin oder lecithinhaltigen Hilfsstoffen miteinander gemischt. Die Herstellung ist einfach. Eine kremige Masse kann schon aus zwei Teilen Schokolade und einem Teil Butter oder aus Sahne, Zucker und Kuvertüre hergestellt werden. Die Sahne wird mit Zucker angedickt, im Kessel gekocht und in flüssigem Zustande mit Kuvertüre vermischt, wobei es vorteilhaft ist, die Masse nicht schaumig zu rühren, um eine Entmischung zu vermeiden. Man wählt eine Schokolade von niederer Viskosität.

Geschmacksgründe bestimmen die Wahl der Rohstoffe. Einzelrezepte sollen als Beispiele für die Herstellungsverfahren stehen, nicht wahllose Einzelbeispiele aus einer Rezeptsammlung sein. Der fortschrittliche Pralinenhersteller ist ohnehin nicht Sklave einer Rezeptsammlung. Mit der Kenntnis der Rohstoffe und der Verfahrensarten paßt er die Rezepte den Gegebenheiten der Lage an und stellt eigene durch die fortschrittliche Entwicklung gebotenen Arbeitsanweisungen in der Art von Rezepten auf. Eine kremige Füllpaste kann auf der Basis von Fondant (8 kg), Kondensmilch (2 kg), Milchschokolade (7 kg), Haselnüssen (1 kg) und Rum (0,3 kg) hergestellt werden. Im Kessel mit Rührwerk werden die Bestandteile miteinander vermengt. Bei ca. 50° C wird dem Fondant die Kondensmilch eingerührt, dann die Milchschokolade zugegeben, ein etwaiges Grießigwerden der Masse nach dem Zugeben der Milchschokolade durch zusätzliche Mengen evaporierter Milch behoben. In die plastische Masse werden schließlich die Haselnüsse, die feinst zerrieben und leicht angeröstet sind, mit dem Rum und gegebenenfalls mit Vanillin als weiterem Geschmacksstoff eingerührt.

Der Fertigsatz wird ausgegossen, bleibt zwecks Auskühlens bis zum nächsten Tage stehen, ist plastisch-weich, doch formbeständig und kann aufgeteilt werden.

Eine Trüffelmasse wird zweimal mit Kuvertüre überzogen, so daß die Praline einen dicken Überzug und einen knackenden Biß erlangt. Es wird eine dickflüssige Kuvertüre gewählt und große Sorgfalt auf das Temperieren gelegt. Dasselbe gilt für die Marzipanpralinen, wenn Rohmarzipan ihr Füllinhalt ist. Der Feuchtwert des Rohmarzipans ist hoch, er beträgt gegen 17 %, der Ölgehalt liegt nicht unter 28 %. Ölhaltige fettreiche Pralineneinlagen führen zum Blindwerden der Schokoladendecke, die besonderen Anforderungen genügen, hinreichend lange und mit ausreichenden Kakaobutterzusätzen conchiert sein muß, wenn Fehler vermieden werden sollen.

Einzelne Hersteller wenden mit Erfolg für die Marzipanpralinen ein Überziehverfahren an, das den gewonnenen Erkenntnissen über die Fettreifverhütung scheinbar entgegensteht, hingegen weitgehend dem Verfahren angenähert ist, bei tieferen Temperaturen die Kakaobutter zum Erstarren zu bringen (vgl. Seite 90).

Vor dem unmittelbaren Beginn des Überziehens wird für eine kurze Zeit die Überzugsmasse bis auf 16° C heruntertemperiert. Diese Masse hat kein gutes Fließvermögen, erstarrt in kurzer Zeit und bildet trotz der niedrigen Verarbeitungstemperatur einen fettreifresistenten Überzug. Vorausgesetzt wird, daß ein ordentliches Temperierverfahren vorangegangen ist und Impfkristalle in genügender Zahl gebildet sind, als Bedingung ist ein alsbaldiges unmittelbares Verarbeiten wegen Ausfalls vieler kleiner Kristalle infolge Unterkühlung und Bewegung der Überzugsmasse einzuhalten. Der Feuchtwert ist für die Haltbarkeit der Marzipanfüllungen ein ausschlaggebender Faktor. Marzipanrohmasse kann mit Zucker im Verhältnis 1 : 1 angewirkt werden, so daß der Wasserwert nach dem Zumischungsverhältnis absinkt.

Üblich ist das Zugeben von Invertin und von Sorbit, um eine geschmeidige Masse zu erhalten.

Invertin (Invertase) ist ein Ferment (β-Fructosidase), das die Saccharose aufspaltet und in geringster Menge wirksam ist und zugegeben wird. (10 bis 12 ml Invertin für 10 kg Zucker.) Alle Fermente haben Eiweißcharakter (Apo-Ferment), sind hitzeempfindlich und dürfen nicht über 70° C erwärmt werden. Sorbit, das als Weichmacher den Süßwaren zugesetzt wird, ist kochfest und wird in gewissen Anteilen — bis 5 % — an Stelle des Zuckers eingesetzt. In den betreffenden Industrien wird Sorbit mit Glucosesirup vermengt und leicht angewärmt, dann dem Marzipan untergerührt, welches danach noch mit Zucker angewirkt wird.

In der Diabetikerschokolade nimmt Sorbit die Stelle des Zuckers ein. Sorbit kommt als 70 %ige Lösung unter dem Namen „Sorbo“ in den Handel und ist in chemischer Hinsicht ein Zuckeralkohol, das zudem die Oxydations- und Geruchsstabilität in Fetten erhöht. Es ist aber kein Konservierungsmittel im üblichen Sinne, wie es die Sorbinsäure ist, die für den Einsatz in Marzipanwaren zugelassen wird.

Marzipanwaren neigen zum Platzen, wenn die Marzipanmasse untemperiert überzogen wird. Die warme Kuvertüre trifft auf die Marzipaneinlage, sie dehnt sich aus, gleichzeitig zieht sich die erkaltende Kuvertüre zusammen, es entsteht eine Spannung, die sich im Aufreißen des Stückes an der schwächsten Stelle, am Boden, zeigt. Am Boden kühlt die Masse relativ schnell ab, die verstärkte Feuchtigkeitsbewegung verläuft in Richtung des Bodens. Durch das Plattdrücken des Bodens wird zudem die Rißbildung begünstigt. Sie zeigt sich mehr bei größeren Stücken, den Marzipaneiern zwischen 100 und 250 g, die zur Deformation neigen, und weniger bei den kleinen Marzipaneiern und den Marzipanbroten, die unmittelbar nach dem Ausformen überzogen werden, während andere Stücke einem sog. „Antrocknen“ in Wärmekammern bei etwa 30° C unterworfen werden. Diese Rißbildung hängt von der Form und Größe der Artikel ab. Bei den kleinen Marzipaneiern ist das Kernvolumen zu gering, um einen ausreichenden Druck auf die Schale auszuüben, die ein größeres Massevolumen als der Kern hat. Die umgekehrte Relation besteht bei den größeren Marzipanartikeln (M-Eiern). Sauberes Arbeiten ist Bedingung, um Gärerscheinungen bei Marzipanartikeln zu vermeiden; Geräte (Spachtel) werden durch abgekochtes Wasser oder 70 %igen Alkohol keimfrei gehalten.

Nugatmassen sind Rohmassen, die unter Verwendung von Haselnüssen oder von gerösteten Mandeln und Zucker mit oder ohne Zusatz von Kakaobestandteilen hergestellt sind. Man kann den Zucker in verschiedener Art mit den Kernen (Nüssen) bearbeiten, entweder den Zucker schmelzen oder ihn trocken verarbeiten oder ihn in Wasser lösen und die Lösung auf eine bestimmte Dichte einkochen. Mandel und Zucker sind Aromaträger und bestimmen durch ihre Verarbeitungsart Geschmack und Wert der Erzeugnisse.

Manche führen die Verarbeitung des Zuckers in trockener Form als die übliche Art der Nugatherstellung an und wählen ein Verfahren, das der Schokoladenfabrikation in mancher Hinsicht gleichkommt. Die gerösteten Nüsse werden mit dem trockenen Zucker vermischt und dann der Feinzerkleinerung im Melangeur und anschließend einem Walzverfahren unterworfen. Es entsteht ein helles Produkt, in dem das Mandelaroma vorherrschend ist. Feinschmeckend wird die Masse, wenn die Gewebeteilchen, die nicht völlig vom Ölgehalt entblößt sein sollen, in dem Öl oder dem weichen Fett angerieben oder mit der Kakaobutter innigst verrieben sind. Dies geschieht beim Conchieren. Nugatmassen werden conchiert. Je kleiner die Kernteilchen sind, um so größeren Schmelz enthält der Nugat.

Eine eigene Geschmacksnuance hat ein Nugat aus zerriebenem Krokant und Kakaomasse. Krokant ist ein Erzeugnis aus Mandeln oder Nüssen (Hasel- oder Walnüssen) mit karamelisiertem Zucker. Im Krokant sind die Kernteilchen nicht so weitgehend aufgeteilt wie beim Nugat, um ein Austreten des Öles aus den Zellen zu vermeiden, welches mit dem geschmolzenen Zucker nur schwer eine Verbindung eingeht. Das Kerngut kommt in erwärmtem Zustande, in Teilportionen in den geschmolzenen Zucker und wird vor dem Zugeben nach angefeuchtet, um ein helles Produkt zu erzielen.

Reiner Zucker schmilzt bei 182° C. Verunreinigungen verändern den Schmelzpunkt, Feuchtigkeit setzt ihn herab, ebenso Glukose (Dextrose) und Invertzucker. Einen Einfluß hat auch die Erwärmungsgeschwindigkeit, die Steilheit der Anheizkurve. Eine Grundsorte wird in der Regel für die Krokantschmelze gewählt. Hierbei üben die angeführten Faktoren einen merkbaren Einfluß aus.

Um Überhitzungen zu vermeiden, ist starkes Rühren notwendig.

Eine Karamelisation ist begrifflich eine Dehydratisierung des Zuckers. Bei Erreichen des Karamelgrades spaltet Zucker Wasser ab, in der ersten Karamelstufe entsteht Karamelan, eine rotbraune, amorphe Masse mit bitterem Geschmack, bei weitergehender Erhitzung unter Abgabe von weiteren Molekülen Wasser entstehen die Stoffe Karamelen und Karamelin, welche als Karamelzucker zusammengefaßt werden. Die Einteilung gilt nur in gewisser Vergröberung. Es laufen Aufspaltungen und Kondensationen der Spaltstücke bei dem Erhitzen der trockenen Saccharose-Kristalle einander her. Der Zucker zerfällt zunächst in Glucose und Fructosan; es entstehen Di- und

Tri-Saccharide bei glukosidischer Bindung der Fructose an die Saccharide; vornehmlich diese, daneben noch höhere Poly-Saccharide, bilden sich hierbei.

Die Karamelbildung beginnt schon bei 141° C.

In der Krokantschmelze liegen die Kernteile im flüssigen (geschmolzenen) Zucker, wobei eine merkbare Bräunung eintritt. Diese Bräunung hat zwei Ursachen, die Bildung von Karamelstoffen und die Bildung von Melanoidinen. Die Kerne sind zucker- und eiweißhaltig, Mandeln enthalten etwa 4 % Zucker, und zwar Saccharose und reduzierende Zucker je zur Hälfte. Bei dem Erhitzen von eiweißhaltigen Stoffen lagern sich den Aminosäuren reduzierende Zucker nach der Maillard-Reaktion unter Bildung von Melanoidinen an. Begünstigt wird der Vorgang durch Glucosesirup, der restliche Mindestmengen an Eiweißbestandteilen aufweist und mit seinen im sauren Bereich liegenden pH-Werten dazu beiträgt, Saccharose unter Bildung von Einfach-(reduzierenden) Zuckern zu invertieren.

In der Praxis ist es schwierig, den Erhitzungs- und Schmelzprozeß bei Temperaturen unter 200° C ablaufen zu lassen. Das portionenweise Zugeben des Zuckers führt dazu, daß die einzelnen Partien ungleichmäßig lange in dem Kessel verbleiben, so daß keine transparente Zuckerschmelze entstehen kann. Der Kessel muß nach jeder Charge, die nicht groß sein kann, entleert werden. Es ist ein großtechnisches Verfahren entwickelt worden, in einem kontinuierlichen Fluß eine transparente Schmelze herzustellen. Die Vorrichtung besteht aus zwei gegeneinander gestellten Platten, welche einen nach unten sich verjüngenden Austrittsspalt bilden. Die Platten sind beheizbar; bevorzugt werden elektrische Heizelemente, eingestellt wird eine über dem Schmelzpunkt liegende Temperatur.

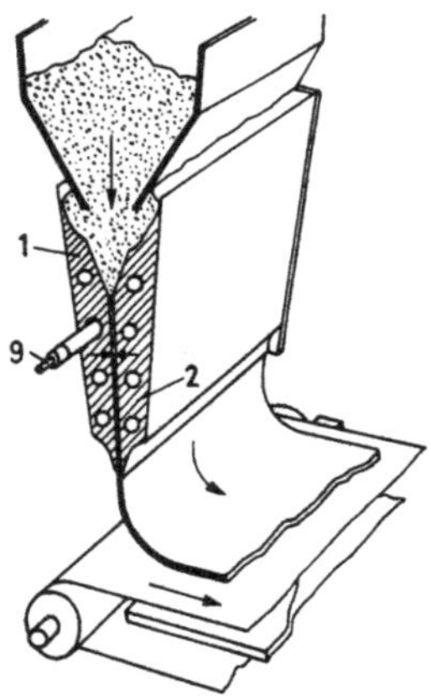

Fig. 80. Zuckerschmelze
1, 2 beheizte Platten
9 Heizelemente

Der Zucker wird in den oberen Trichter aufgegeben (Figur 80) und beginnt bei dem Einlaufen zu schmelzen und mit dem Entweichen der Feuchtigkeit nach unten abzufließen. Die Verweilzeit des Zuckers in der Vorrichtung ist kurz und mit der Einstellung der Spaltweite regulierbar.

Der Zuckerstrom wird auf eine Kühltrommel geleitet, tritt aus der Spalte in Form eines flachen Bandstreifens oder aus Düsen in Tropfenform aus und erstarrt an den Kühlflächen, von welchen Schaber die Masse abheben. Sie wird auf einer Mühle zermahlen oder im Melangeur zerkleinert, dann mit gerösteten Nüssen zu Krokant verarbeitet. Die Maschine ermöglicht ein kontinuierliches Herstellen von nugatähnlichen und krokanthaltigen Erzeugnissen. Der geschmolzene Zucker wird nach dem Erkalten zerkleinert, mit Kerngut zu einer breiigen Masse verrieben, diese Grundmasse gewalzt und anschließend in einer Knetmaschine unter Zusatz von Kuvertüre zu Nugat verarbeitet.

Manche Hersteller geben, um helle Krokanterzeugnisse zu erhalten, dem Zucker Dextrose oder Dextrosin hinzu. Dextrosin ist Dextrose mit einem Reinheitsgrad von etwa 97 %. Die kristallwasserfreie Dextrose schmilzt bei 146° C, das Hydrat hat einen noch niedrigeren Schmelzpunkt. Beim Erhitzen des Zuckergemisches tritt ein Zustand ein, in dem der Traubenzucker (die Dextrose) zu schmelzen beginnt und die kristalline Saccharose umschließt. Die Saccharose ist in der Traubenzuckerschmelze als helles Feinstaggregat vorhanden. Bei weiterem Temperaturanstieg tritt ein Aufschmelzen der Saccharose unter merklicher Karamelisierung ein. Wegen der unterschiedlichen Schmelzunkte beider Zuckerarten bleibt das Gemisch eine längere Zeit bearbeitbar, als wenn nur Saccharose die Zuckerkomponente des Krokants ist.

Es ist Hartkrokant, wenn mit dem vorgeschriebenen Mindestsatz an Kerngut (20 %) und einem die Differenz ausmachenden Zuckeranteil eine Krokantware hergestellt wird. Für Krokantfüllungen, die eine weiche Beschaffenheit haben sollen, werden Glucosesirupe und Milchpulver, Persipan und Marzipan mitverwendet. Erst wenn der Zucker geschmolzen ist, wird der Glucosesirup in einer Menge von 10 % des Zuckers zugegeben, um die Ausbildung der bitteren Karamelstoffe (Huminstoffe) auszuschließen oder gering zu halten. Puderzucker klumpt, daher wird Kristallzucker vorgezogen, er ergibt eine bessere Schmelze.

Eine größere Krokantmaschine stellt Fertigsätze von 30 kg her, sie hat ein rotierendes Rührwerk innerhalb der Pfanne, das Rührwerk vollführt 25 Umdrehungen in der Minute, der Satz bleibt etwa 15 Minuten im Kessel, so daß bei der hohen Umdrehungszahl und der Zeitdauer Überhitzungen vermieden werden. Diese Maschine verarbeitet Puderzucker, der sich schnell löst, unter Beigabe eines Glucosesirupanteils. Wegen der hohen Rührgeschwindigkeit kann der Zucker nicht klumpen. Es ist kein Erfordernis, Raffinade zu verwenden, es entstehen bei dem Erhitzen ohnehin Stoffe, die zu Verfärbungen Anlaß geben.

Ein Standardrezept für eine Weichfüllung in Schokoladenwaren und Bonbons geht von folgenden Mengen aus: 30 kg Kristallzucker, 20 kg Milchpulver und 2,5 kg Nurupan. Nurupan dient als Emulgator und als Antioxydans für die Fette. Diese Grundmasse kann mit Hartfetten im Melangeur verrieben werden und dient als Masse für die verschiedensten Weichkrokantfüllungen.

Krokant ist hygroskopisch und wird mit einer Gummiarabicum-Lösung bestrichen, wenn der geformte Artikel unvollständig oder halbseitig mit Schokolade überzogen ist, beispielsweise im Falle der offenen Krokantpralinen, die als Dublette hergestellt werden und eine aus Krokant bestehende obere Abschlußdecke aufweisen.

Eine Grundmasse für gefüllte Schokoladen und gefüllte Pralinen, basierend auf einem Weichkrokant, kann nach folgendem Rezept hergestellt werden: 10 kg Zucker sind in 3 Liter Wasser auf 88 ° R einzukochen, dann 2 kg Glucosesirup hinzuzufügen, zwecks besserer Verteilbarkeit in kleinen Mengen 8 kg Marzipan einzurühren, das in dem heißen Bad abröstet, dann den Satz kühlen und über eine Granitwalze, wie sie in der Marzipanfabrikation gebräuchlich ist, laufen lassen, schließlich in einem Kneter mit gehackten Haselnüssen (2 kg) und Mandeln (2 kg) unter Zugabe von Nurupan zu einer weichen Masse verrühren. Sie läßt sich ausrollen und in Formen aufteilen und kann, wenn eine steife Masse gewünscht wird, noch eine entsprechende Menge Puderzucker erhalten.

Einlagen aus Fruchtpasten dienen für die verschiedenartigsten Pralinen und Tafelschokoladen. Es werden verschiedene Früchte gewählt, Feigen (3 kg), Datteln (3 kg), und nach entsprechender Zuckervorbehandlung Johannisbeeren (3 kg), Kirschen (1 kg), Ananas (1 kg). Die Früchte werden geschnitten und zerhackt, nicht gemahlen, so daß Fruchtstückchen darin verbleiben, erwärmt, zu einer Paste verrührt und auf einem Kühltisch zu einer glatten Schicht ausgerollt (Rollmesser).

Die Einlagen sollen die Schokoladenwandung nicht erweichen, sie liegen eingebettet in Agar-Gelee. Agar (750 g) wird in Wasser (3,5 Liter) eingeweicht und gelöst, in der Zwischenzeit Zucker (12 kg) zum Faden (85° R) gekocht, dann weiterer Zucker (10 kg) in Wasser (3 Liter) mit Glucosesirup (1 kg) aufgelöst, und wenn 106° R erreicht sind, noch mit weiteren 5 kg Glucosesirup verrührt; dieser Zuckersatz wird in das Agarbad eingerührt und nach Abkühlung die Fruchtpaste untergerührt. Das Ganze wird schnell fest und mit Rollmesser in Würfel und Teile aufgeteilt, die als Teilstücke in Schokoladenhalbschalen und Schokoladentafeln eingelegt werden.

Nach anderer Methode, welche vorzugsweise für Relief-Frucht-Schokoladen zur Anwendung kommt, werden die kleinen Fruchtstücke, nicht größer als 2 mm im Quadrat, mit Staubzucker und Kakaopulver granuliert, mit geringen Anteilen Staubzucker im Drageekessel behandelt. Die Fruchtstückchen sind vorbehandelt und anschließend getrocknet worden, sie können nicht zusammenballen und sind gleichmäßig im fertigen Erzeugnis verteilt.

Das Dekorieren der Schokoladenartikel

In vielfacher Übung ist das Dekorieren der Pralinen, deren Oberfläche durch ein Muster oder eine Auflage zu verzieren.

Das Dekorieren mit Schokolade geschieht vorwiegend noch mit Spritztüte (Spritzbeutel) oder mittels der bekannten vernickelten Pralinengabeln. Ein einfaches Strichmuster kann an Stelle der Gabeln von einer Rollwalze geformt werden. Die Stücke passieren nach ihrem Überziehen einen Raum, in welchem eine endlose Walze mit Rillenvertiefungen umläuft, die die Pralinen gerade an der Schokoladenoberfläche berühren und auf der Schokolade parallel verlaufende Strichkonturen hinterlassen. Der Raum wird von einer Lampe angestrahlt und auf solcher Temperatur gehalten, daß der Schokoladenüberzug vor dem vorzeitigen Erstarren bewahrt bleibt.

Statt Strichmuster können Karomuster geformt werden. Diesem Zwecke dient ein entsprechendes aus dünnen Drähten bestehendes Muster, das die Maschine auf die schokoladenüberzogenen Pralinen aufsetzt, andrückt und wieder abhebt. Die schokoladenüberzogenen Stücke werden auf dem Transportband durch eine Dekorvorrichtung geführt, welche aus einem kastenförmigen Gehäuse besteht, in dem an Hubkurven eine Aufhängevorrichtung starr angebracht ist. Diese Vorrichtung ist eine mit Stiften besetzte Längswelle. Sie wird mittels einer Fotozelle in Funktion gesetzt, wenn die Pralinenreihe die Eintrittsschranke passiert, die von einer Fotozelle und einer Lichtquelle gebildet wird. Beim Einschleusen der Stücke wird der Lichtstrahl unterbrochen und ein elektrischer Impuls ausgelöst (Seite 30). Der Fotostrom betätigt einen Magneten oder eine mechanische Vorrichtung, wodurch die Welle mit den Stiftreihen sich senkt und in die Oberfläche der Überzüge eindringt, bei Erreichen der Tiefstellung wieder angehoben wird.

In Form und Stärke wählbare Linienführungen können mit einer Vorrichtung aufgetragen werden, welche im Grundsätzlichen eine Nachahmung des handwerklichen Vorganges ist: die Schokolade aus Spritzdüsen zu pressen. Ihr Hauptstück ist ein Düsenrohr, in das die Schokoladenmasse mittels Überdruck eingeführt wird. Das Rohr weist eine Reihe von Düsen auf, welche eine konische Form haben und auf verschiedene Öffnungsweiten einstellbar sind. Dies geschieht durch Düsenstifte, die verschieden tief eingesenkt werden und die Düse verschließen können. Bei Verschluß der Düse ragt der Stift über das Düsenmundstück hinaus, macht das Mundstück massefrei, reinigt die Düse beim Durchstoßen von verkrusteter Masse (Figur 81).

Auch die Düse ist durch ein seitliches Gewinde verstellbar und kann wählbar tief in das Rohr eingeschraubt werden. Mittels Tellerschraube werden die Düsenstifte in Tätigkeit versetzt, eine Welle verbindet alle Tellerschrauben und verschließt und öffnet gleichzeitig alle Düsen. Das Düsenmundstück kann eine Rundöffnung sein oder auch für die breiten Dekorstreifen eine breite längliche Form aufweisen.

Das Düsenrohr wird durch besondere Aufhänge- und Bewegungsvorrichtungen in kreisende und oscillierende Schwingungen versetzt, wodurch ein Auftragen verschiedenartiger Dekorationen möglich gemacht wird.

Dem Verpacken der verzierten Einzelstücke ist besondere Sorgfalt zu schenken. Gleich der Reihengliederung der Korpusse für das Durchlaufen der Überziehmaschine erfolgt das Vereinzeln und Zuführen der Stücke durch eine Vorrichtung mit bogenförmigen schräg zur Förderbahn gestellten Leitbahnen, die in wechselseitiger Krümmung zueinander stehen derart, daß die vom zweiten Leitkurvenstück freikommenden Stücke auf einen Teil des ersten Leitkurvenstückes auftreffen. An und zwischen den Leitbahnen gleiten die Stücke auf einem Rollenförderer, dessen Förderrollen einzeln oder gruppenweise an Drehzahl zunehmen und die Stücke in eine auseinandergezogene Kette einordnen. Die Figur 82 verdeutlicht den Arbeitsgang zur Verpackungsstation.

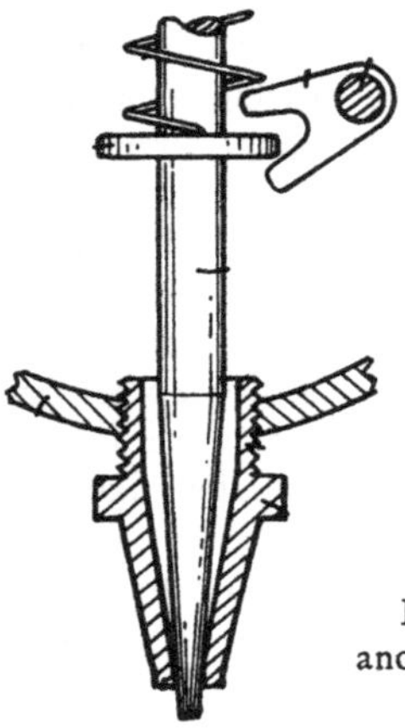

Fig. 81. Düsenanordnung in Dekor-Einrichtung

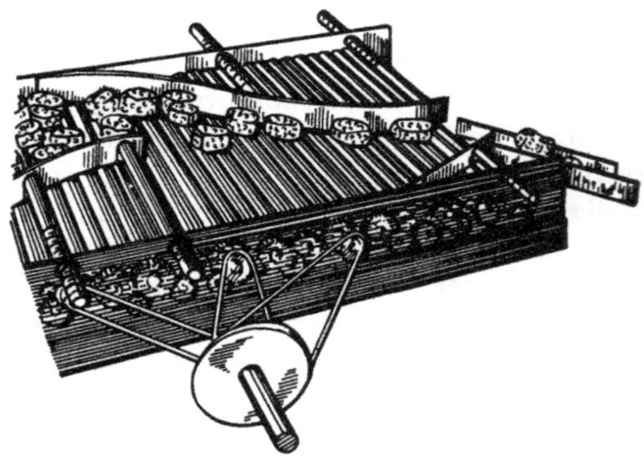

Fig. 82. Fördervorrichtung

Schokolade als Nahrungsmittel

Die neuzeitliche Fabrikation der Schokoladen und Schokoladenwaren wird mit der Ausgestaltung der maschinellen Vorrichtungen und der Ausschaltung diffiziler manueller Tätigkeiten höchsten hygienischen Ansprüchen und wichtigen volkswirtschaftlichen Belangen gerecht.

Schokolade ist ein hochwertiges Nahrungsmittel und als solches von den zuständigen Stellen der Bundesrepublik als „für die Bevorratung im Haushalt geeignet“ befunden, wobei vor allem an die massive Schokolade gedacht ist, die als Tafelschokolade in der Reihe der Grundvorräte im Haushalt genannt wird. Auch das Schokoladenpulver gehört hierzu.

Eine Zeitungsanzeige im „Public Adviser“ vom 16. Juni 1657, wahrscheinlich die älteste Zeitungsanzeige, in der für Schokolade geworben und gleichzeitig die Eröffnung der ersten Schokoladenstube in der Stadt London angekündigt wurde, bot den Londonern als Neuigkeit ein ausgezeichnetes westindisches Getränk an: Schokolade. Sie hat einen langen Entwicklungsweg zurückgelegt und als wohlfeiles Nahrungsmittel im privaten Haushalt und neuerdings für Krisenzeiten mit Bezugssperren in der Bevorratungspolitik eine gebührende Anerkennung gefunden.

Sachregister